中华精神家园

自然遗产

森林景观

国家森林公园大博览

肖东发 主编　韩会凡 编著

中国出版集团
现代出版社

图书在版编目（CIP）数据

森林景观：国家森林公园大博览 / 韩会凡编著. —北京：现代出版社，2014.5（2021.7重印）
ISBN 978-7-5143-2357-3

Ⅰ.①森… Ⅱ.①韩… Ⅲ.①国家公园－森林公园－介绍－中国 Ⅳ.①S759.992

中国版本图书馆CIP数据核字(2014)第057000号

森林景观：国家森林公园大博览

主　　编：肖东发
作　　者：韩会凡
责任编辑：王敬一
出版发行：现代出版社
通信地址：北京市定安门外安华里504号
邮政编码：100011
电　　话：010-64267325 64245264（传真）
网　　址：www.1980xd.com
电子邮箱：xiandai@cnpitc.com.cn
印　　刷：三河市嵩川印刷有限公司
开　　本：710mm×1000mm　1/16
印　　张：11
版　　次：2015年4月第1版　2021年7月第3次印刷
书　　号：ISBN 978-7-5143-2357-3
定　　价：40.00元

版权所有，翻印必究；未经许可，不得转载

序　言

党的十八大报告指出："文化是民族的血脉，是人民的精神家园。全面建成小康社会，实现中华民族伟大复兴，必须推动社会主义文化大发展大繁荣，兴起社会主义文化建设新高潮，提高国家文化软实力，发挥文化引领风尚、教育人民、服务社会、推动发展的作用。"

我国经过改革开放的历程，推进了民族振兴、国家富强、人民幸福的中国梦，推进了伟大复兴的历史进程。文化是立国之根，实现中国梦也是我国文化实现伟大复兴的过程，并最终体现为文化的发展繁荣。习近平指出，博大精深的中国优秀传统文化是我们在世界文化激荡中站稳脚跟的根基。中华文化源远流长，积淀着中华民族最深层的精神追求，代表着中华民族独特的精神标识，为中华民族生生不息、发展壮大提供了丰厚滋养。我们要认识中华文化的独特创造、价值理念、鲜明特色，增强文化自信和价值自信。

如今，我们正处在改革开放攻坚和经济发展的转型时期，面对世界各国形形色色的文化现象，面对各种眼花缭乱的现代传媒，我们要坚持文化自信，古为今用、洋为中用、推陈出新，有鉴别地加以对待，有扬弃地予以继承，传承和升华中华优秀传统文化，发展中国特色社会主义文化，增强国家文化软实力。

浩浩历史长河，熊熊文明薪火，中华文化源远流长，滚滚黄河、滔滔长江，是最直接的源头，这两大文化浪涛经过千百年冲刷洗礼和不断交流、融合以及沉淀，最终形成了求同存异、兼收并蓄的辉煌灿烂的中华文明，也是世界上唯一绵延不绝而从没中断的古老文化，并始终充满了生机与活力。

中华文化曾是东方文化摇篮，也是推动世界文明不断前行的动力之一。早在500年前，中华文化的四大发明催生了欧洲文艺复兴运动和地理大发现。中国四大发明先后传到西方，对于促进西方工业社会的形成和发展，曾起到了重要作用。

中华文化的力量，已经深深熔铸到我们的生命力、创造力和凝聚力中，是我们民族的基因。中华民族的精神，也已深深植根于绵延数千年的优秀文化传统之中，是我们的精神家园。

总之，中华文化博大精深，是中国各族人民五千年来创造、传承下来的物质文明和精神文明的总和，其内容包罗万象，浩若星汉，具有很强的文化纵深，蕴含丰富宝藏。我们要实现中华文化伟大复兴，首先要站在传统文化前沿，薪火相传，一脉相承，弘扬和发展五千年来优秀的、光明的、先进的、科学的、文明和自豪的文化现象，融合古今中外一切文化精华，构建具有中国特色的现代民族文化，向世界和未来展示中华民族的文化力量、文化价值、文化形态与文化风采。

为此，在有关专家指导下，我们收集整理了大量古今资料和最新研究成果，特别编撰了本套大型书系。主要包括独具特色的语言文字、浩如烟海的文化典籍、名扬世界的科技工艺、异彩纷呈的文学艺术、充满智慧的中国哲学、完备而深刻的伦理道德、古风古韵的建筑遗存、深具内涵的自然名胜、悠久传承的历史文明，还有各具特色又相互交融的地域文化和民族文化等，充分显示了中华民族的厚重文化底蕴和强大民族凝聚力，具有极强的系统性、广博性和规模性。

本套书系的特点是全景展现，纵横捭阖，内容采取讲故事的方式进行叙述，语言通俗，明白晓畅，图文并茂，形象直观，古风古韵，格调高雅，具有很强的可读性、欣赏性、知识性和延伸性，能够让广大读者全面接触和感受中国文化的丰富内涵，增强中华儿女民族自尊心和文化自豪感，并能很好继承和弘扬中国文化，创造未来中国特色的先进民族文化。

2014年4月18日

目 录 森林景观

大地风骨——落叶乔木林

丝路胡杨——塔里木胡杨林　002
植物黄金——张家界杜仲树　017
纯情之树——红石白桦林　030
东方神木——黄河故道桑树林　045
绿色宝地——吴家山榉树林　057
天然园林——大孤山皂角林　067
大叶梧桐——乌苏里江梓树　078
爱情红叶——西山黄栌林　086

3

森林卫士——常绿乔木林

098　神奇绿地——西双版纳毒木林

107　固沙大王——内蒙古沙地云杉

118　月宫之树——五老峰桂树林

133　耐寒丛林——莲花洞女贞林

140　江西名木——三爪仑香樟林

150　栋梁之材——梅花山红松林

落叶乔木林

大地风骨

　　落叶乔木，就是每年秋冬季节或干旱季节叶子全部脱落的乔木。这类乔木主要有银杏科银杏属、槭树科三角枫属、槭树科槭树属、木兰科玉兰属等。

　　在我国，乔木大约有2000种，其中落叶乔木以胡杨、杜仲、白桦树、桑树、榉树、皂角树、梓树、黄栌等为主。落叶乔木是我国北方城市绿化的主要植物种类之一，其品种结构和规格结构相比灌木重要得多。

丝路胡杨——塔里木胡杨林

传说那是在很久以前，天宫中的王母娘娘身边有一男一女两个童子，长得如花似玉般美丽可爱，王母娘娘爱得像宝贝似的，封他们为金童玉女，走到哪里都把他们带在身边。

金童玉女长期在一起，彼此产生了很深的感情，他们总是形影不离。有一次，王母娘娘到人间体察民情，金童玉女跟随着到了人间。

看惯了天宫铺金嵌玉的金童玉女，被人间的自由快乐深深吸引了，他们说什么也要在人间周游几日。无奈之下，王母娘娘只好把他们带上云头，居高临下指着黄河下游洪灾泛滥地区，挣扎在死亡线上

■ 沙漠中的胡杨树

沙漠中的胡杨树

的人们那悲惨景象，给金童玉女讲述人间的悲苦，才总算把金童玉女带回了天宫。

金童玉女回到天宫后却依然对人间念念不忘，总想再到人间看看。过了不久，王母娘娘准备在昆仑仙岛举办招待会，宴请那些没有机会到人间周游的内宫诸神。于是，就派金童玉女到人间搜寻奇花异草和美味珍馐。

金童玉女到人间游历了名山大川，最后到了西湖边，立刻被人间天堂的风景吸引住了。此时西湖正是堤柳成行、荷花盛开的季节，柳荫下文人雅士吟诗歌咏，小船上哩语小调优美动听。金童玉女不禁在岸边忘我地游玩了起来。

不知不觉太阳偏西了，金童玉女来到了断桥前。桥头石墩上，一位老者正给身边围着的几个孩童讲故事，金童玉女便躲在柳荫下静静地听了起来。

老者讲的正是白娘子断桥会许仙的故事，金童玉女被深深地吸引住了，他们很佩服那条千年蛇仙，竟然能够为了报恩而放弃修成正果。一个小蛇仙尚能如

西湖 位于浙江杭州，是我国十大风景名胜之一，被誉为"人间天堂"。有苏堤春晓、曲苑风荷、平湖秋月、断桥残雪、柳浪闻莺、花港观鱼、雷峰夕照、双峰插云、南屏晚钟、三潭印月的"西湖十景"。

白娘子 也称白蛇娘娘。她是我国古代民间传说《白蛇传》中的女主人公。传说她师从黎山老母，是一条修行千年的蛇仙，美貌绝世，明眸皓齿，倾国倾城赛天仙，集世间美丽、优雅、高贵于一身。宛如一个活菩萨，是人们心目中最理想的贤妻良母。

■ 塔里木河滩胡杨树

天山 古名白山，因冬夏有雪，又名雪山。唐时又名折罗漫山。天山的雪峰博格达峰上积雪终年不化，人们叫它雪海。山腰有一个名叫天池的湖泊，池中的水由冰雪融化而成，清澈透明，像一面大镜子。洁白的雪峰，翠绿的云杉倒映湖中，构成了一幅美丽的图画。

此，那么，身为天宫名神怎么就不可以轰轰烈烈地爱上一回呢！

天宫虽然金碧辉煌，却没有人间的甜甜蜜蜜，简直缺少精神的享受。金童和玉女商量后，决定先返回天宫复命，然后再悄悄到人间缔结连理。于是他们便带着寻到的人间珍品返回了天宫。

就在王母娘娘的招待会开得正热闹的时候，金童牵着玉女的手悄悄溜出天宫飞到了人间。当王母娘娘酒醒后，发现身边少了金童玉女，大为震惊，立即派天兵天将寻找。不久，金童玉女被带回了天宫。

可是，无论王母娘娘怎么说，金童玉女就是听不进去，并说他们在人间已经结为了夫妻。王母娘娘只好命人将金童玉女捆绑起来，并拔去了金童头顶的通天骨，拉出天宫推下了人间。

金童摔死在天山脚下，他的血液渗到泥土中顺着山谷慢慢流出并凝结了，形成了一片浩瀚的沙漠。每当阳光升起时，沙漠就会发出金子般的光芒，直射天宫，沙子在风的吹拂下不时发出一阵阵缠缠绵绵的吟唱。

玉女看到了那束金光，也听到了鸣沙的声音，她知道金童已经死去了。玉女挣脱了捆绑的枷锁，自己也动手拔去了通天骨，一头撞死在了擎天柱下。

众神得知金童玉女的遭遇后，都为他们的执着所感动，于是纷纷向玉皇大帝和王母求情。王母失去了金童玉女，心痛后悔极了，她拗不过众神的意愿，只好同意将玉女的尸身带出阴阳界，埋在天山脚下的沙漠里，让她与金童相守。

不久，沙漠的边缘长出了一棵小树，小树慢慢长大了，她紧紧抓住脚下的沙土，拼命地向深处伸展着根须，并用自己的生命把沙漠牢牢地抱在自己怀里，他们紧紧地依偎在一起。

玉皇大帝 又称玉皇上帝、玉皇、玉帝等，传说居于太微玉清宫，全称"昊天金阙无上至尊自然妙有弥罗至真玉皇上帝"。我国道教称"天界最高主宰之神"，在道教神系中，他是神界的实际领导者，是神界地位最高的神之一。在我国的民间传说中，他是我国古人认为的天上的皇帝。

■ 湖边的胡杨树

后来,天山下的维吾尔族人民给这棵树取了一个好听的名字叫"托克拉克",就是"最美丽的树"。

我国历史上把西部的少数民族统称为"胡人",西域地区则被统称为"胡地",因为托克拉克长得像杨树,所以人们便叫这棵树为"胡杨"了。

胡杨,又称胡桐,属杨柳科落叶乔木,成年树一般高达30米,直径可达1.5米。胡杨是一种生命力极顽强的原始树种,被誉为"抗击沙漠的勇士"。

铁干虬枝,龙盘虎踞,十分壮美,且有层层绿叶,形状各异或叶圆似卵,或状态如柳叶,层层叠叠,密不透风。

胡杨树皮呈灰褐色,有不规则纵裂沟纹。长枝和幼苗、幼树上的叶呈线状披针形或狭披针形,长5厘米至12厘米,全缘,顶端渐尖,基部楔形;短枝上的叶呈卵状菱形、圆形至肾形,长25厘米,宽3厘米,先端具2对至4对楔形粗齿,基部截形,稀近心形或宽楔形。叶柄长1厘米至3厘米,光滑,稍扁。

胡杨雌雄异株,葇荑花序;苞片菱形,上部常具锯齿,早落;雄花序长1.5厘米至2.5厘米,雄蕊23毫米至27毫米,具梗,花药紫红色;

水边胡杨树

公园里的胡杨树

雌花序长3厘米至5厘米，子房具梗、柱头宽阔，紫红色；果穗长6厘米至10厘米。蒴果长椭圆形，长10毫米至15毫米，2裂，初被短绒毛，后光滑。花期5月，果期6月至7月。

胡杨是亚非荒漠地区典型的潜水超旱生植物，长期适应极端干旱的大陆性气候。其对温度大幅度变化的适应能力很强，喜光，喜土壤湿润，耐大气干旱，耐高温，也较耐寒，适宜生长于10度以上积温2000度至4500度之间的暖温带荒漠气候，。

胡杨在积温4000度以上的暖温带荒漠河流沿岸、河滩细沙到沙质土上生长最为良好，能够忍耐极端最高温45度和极端最低温零下40度的袭击。

胡杨能从根部萌生幼苗，能忍受荒漠中干旱的环境，对盐碱有极强的忍耐力。胡杨的根可以扎到地下10米深处吸收水分，其细胞还有特殊的功能，不受碱水的伤害。

在杨树的庞大家族中，胡杨是最为特别的一种。杨柳科植物都特别喜欢水，独有胡杨生活在干旱环境中，成为我国沙漠中唯一的乔木。因此，胡杨也算是一种"活化石"。

胡杨生长在极旱的荒漠区，但骨子里却充满了对水的渴望。尽管为了适应干旱环境，它做了许多改变，例如叶革质化、枝上长毛，甚至幼树叶如柳叶，以减少水分的蒸发，因而有"异叶杨"之名。

然而，作为一棵大树，它还是需要相应水分维持生存的。因此，在生态型上，它还是中生植物，即介于水生和旱生的中间类型。

它是一类跟着水走的植物，沙漠河流流向哪里，它就跟随到哪里。而沙漠河流的变迁又相当频繁，于是，胡杨在沙漠中就处处留下了曾经驻足的痕迹。

在自然选择法则面前，面对干旱，胡杨通过长期适应过程，做了许多改变，呈现了顽强的生命力。其形成了强大的根系，主根系可以深至6米以下，水平根系更延伸至三四十米开外，在更大范围获得延续生命的水源。靠着根系的保障，只要地下水位不低于4米，它就能够生

荒野的胡杨树

河边的胡杨树

活得很自在。

当地下水位跌到6米至9米后,胡杨只能强展欢颜或萎靡不振了。当地下水位再低下去时,它就只能辞别尘世了。所以,在沙漠中只要看到成列的或鲜或干的胡杨,就能判断是否曾经有水流过。

胡杨的叶片覆背着厚厚的蜡质,形成可以按气温高低启闭的气孔,最大限度保存身体内部的水分,因此才有了它在沙漠中的立身之本。

■ 百年胡杨树

我国新疆沙雅拥有面积近约2600多公顷的天然胡杨林，占到全国原始胡杨林总面积的四分之三，被评为"中国塔里木胡杨之乡"。

在我国新疆、内蒙古和甘肃西部地区，有相当一部分为戈壁、沙漠所占据，干燥少雨，特别是新疆南部塔里木盆地的荒漠气候尤为强烈。

在严酷的自然条件下，分布在这些地区河流两岸和洪水侵蚀地上的胡杨林就显得十分重要了。由于有这些胡杨林的存在，干旱恶劣气候才得以缓和。

在塔里木河中、上游两岸以及下游广大地区分布的天然胡杨林，构成了一道长达数百千米连绵断续的天然林带。这条天然林带，对于防风固沙、调节气候，有效地阻挡和减缓南部塔克拉玛干大沙漠北移，保障绿洲农业生产和居民安定生活等方面，发挥了积极作用。

同时，由于大量胡杨林生长分布在河流两岸，保护了河岸，减少了土壤的侵蚀和流失，稳定了河床。

胡杨林的蔽荫覆盖，一方面增强了对土壤的生物排水作用；另一方面又相对地减缓了土壤上层水分的直接蒸发，抑制了土壤盐渍化的进程，从而在一定

敦煌 位于甘肃酒泉，河西走廊的最西端，是一座古老的历史文化名城，是飞天艺术的故乡、佛教艺术的殿堂，有"戈壁绿洲""西部明珠"之称，是古丝绸之路上的商贸重地，以"敦煌石窟""敦煌壁画"闻名天下。敦煌历史悠久，春秋时称"瓜州"，以盛产美瓜而得名。

程度上起到改良土壤的作用。因此，胡杨作为荒漠森林，在我国西北地区广阔的荒漠上起着巨大的作用。

胡杨以自己特有的绿色和生命孕育记载了我国的西域文明，2000多年前的胡杨覆盖着西域，使得塔里木河、罗布泊长流不息，滋养了古老的楼兰、龟兹文明等。

胡杨是我国生活在沙漠中的唯一乔木树种，它自始至终见证了我国西北干旱区走向荒漠化的过程，虽然后来退缩到沙漠河岸地带，但仍然被称为"死亡之海"的沙漠的生命之魂。

胡杨曾经广泛分布于我国西部的温带、暖温带地区，新疆库车千佛洞、甘肃敦煌铁匠沟、山西平隆等地，都曾发现胡杨化石，证明它是第三纪残遗植物，距今已有6500万年以上的历史。可以说，胡杨与我国

楼兰 我国西部的一个古代国名，国都楼兰城。早在2世纪以前，就是西域一个著名的"城郭之国"。它东通敦煌，西北到焉耆、尉犁，西南到若羌、且末。地处新疆巴音郭楞蒙古自治州若羌县北境，在历史上是丝绸之路必经之地，中西方贸易的一个重要中心。

■ 秋天的胡杨树林

西北的沙漠齐寿,是我国古老沙漠的历史见证。

胡杨是比较古老的树种,对于研究亚非荒漠地区的气候变化、河流变迁、植物区系演化以及古代经济、文化发展都有重要科学价值。

胡杨是世界上最古老的杨树品种之一,被誉为"活着的化石树",有着如此美评:

活着不死1000年,死后不倒1000年,倒地不烂1000年。

新疆塔里木胡杨生长区域曾被批准列为国家级自然保护区,通过合理调整干旱荒漠地区的农、牧、林三者的关系,严禁乱砍滥伐。

各河流上游截流水库也采取了定期向中、下游放水,确保胡杨林的恢复和发展。同时,还在我国西北地区建立了两个胡杨自然保护区,作为科研和物种保护基地。

胡杨是荒漠地区特有的珍贵森林资源,它对于稳定荒漠河流地带的生态平衡、防风固沙、调节绿洲气候和形成肥沃的森林土壤,具有

荒野中的胡杨树

十分重要的作用,是荒漠地区农牧业发展的天然屏障。

在我国沙漠内部塔里木河沿岸及沙漠边缘洪积扇前缘分布有以胡杨、树柳为主的天然植被带,形成了沙漠中的天然绿洲,它主要分布在塔克拉玛干沙漠的周围,犹如一条绿色长城,紧紧锁住了流动性沙丘的扩张,使得这里成为了四季牧场和野生动物的栖息地。

塔里木胡杨林国家森林公园,位于塔克拉玛干沙漠东北边缘的塔里木河中游、巴州轮台县城南沙漠公路70千米处,总面积100平方千米,是新疆面积最大的原始胡杨林公园,也是整个塔里木河流域原始胡杨林最集中的区域。

塔里木胡杨林公园集塔河自然景观、胡杨景观、沙漠景观、石油工业景观于一体,是世界上最古老、面积最大、保存最完整、最原始的胡杨林保护区,也是观光览胜、休闲娱乐、野外探险、科普考察、分时度假的自然风景旅游胜地。

在塔里木胡杨林公园内约有220处弯道,堪称世界上弯道最多的景区道路。道路两边满目沧桑,胡杨高大粗壮的身躯,或弯曲倒伏、或仰天长啸、或静默无语、或豪气万丈。人们除了赞叹、高歌、抑或沉默之外,还有就是对生命无限的敬仰。

■ 枯萎的胡杨树

塔克拉玛干沙漠 位于新疆的塔里木盆地中央,是我国最大的沙漠,也是世界第二大沙漠,同时亦是世界第一大流动沙漠。整个沙漠面积达33万平方千米。在世界各大沙漠中,塔克拉玛干沙漠是最神秘、最具有诱惑力的一个。沙漠中的沙丘高度一般在100米至200米,最高达300米左右。

■ 枯萎的胡杨树

鲲鹏 古代传说中的神兽之一，最早出现在庄子的《逍遥游》中。传说，我国古代有一种大鸟叫鹏，是从一种叫作鲲的大鱼变来的。这种鱼长得很大很宽，它也可以变成一种大鸟，一天可以飞数万里，名曰鹏。这种极其奇特、兼有巨鸟与巨鱼之体的动物，过去一直以为只是神话。

在胡杨林公园内，可一跃绿草地、二窜红柳丛、三过芦苇荡、四跨恰阳河、五绕林中湖，尽情展现出大漠江南的秀色。

茂密得胡杨千奇百怪，神态万般。粗壮得如古庙铜钟，几人难以合抱；挺拔得像百年佛塔，直冲云霄；怪异的似苍龙腾越，虬蟠狂舞；秀美得如月中仙子，妩媚诱人。

密密匝匝的胡杨叶也独具风采。幼小的胡杨，叶片狭长而细小，宛若少女弯曲的柳眉，人们常把它误认作柳树；壮龄的胡杨，叶片变成卵形，如同夏日的白桦叶；进入老年的胡杨，叶片定型为椭圆形。更奇特的是，在同一棵胡杨树冠的上下层，还生长着几种不同的叶片，真可谓奇妙绝伦，令人惊叹不已。

这些铁骨铮铮的树干,形状千姿百态,有的似鲲鹏展翅,有的像骏马扬蹄,还有的如纤纤少女,简直就是一座天然艺术宫殿。有人专门为胡杨作了首诗,充分展现了胡杨林之神态。有诗赞道:

矮如龙蛇数变形,蹲如熊虎踞高岗。
嬉如神狐露九尾,狞如夜叉牙爪张。

冬去春来,野骆驼、野猪、马鹿等珍稀动物在林间闪现,天鹅、野鸭、大雁、鸥鸟等各种水鸟集队飞翔,鸣啼于湖面之上。胡杨微微吐出绿芽,一派欣欣向荣的繁盛景象。

盛夏,胡杨身披绿荫,落英缤纷,为人们奉献出一片清凉。

金秋时节,胡杨秀丽的风姿或倒影水中,或屹立于大漠,金色的胡杨把塔里木河两岸装点得如诗如画,尽显出生命的灿烂辉煌。

深秋,当漠野吹过一丝清凉的秋风,胡杨便在不知不觉中由浓绿变成浅黄,继而又变成杏黄。凭高远眺,金秋的胡杨如潮如汐、斑斑

沙漠胡杨树林

■ 秋天胡杨树

斓斓、漫及天涯，汇成金色的海洋，一派富丽堂皇的景象。

落日苍茫，晚霞一抹，胡杨由金黄变成金红，最后化为褐红，渐渐融入朦胧的夜色之中，无边无际。一夜霜降，胡杨如枫叶红红火火。秋风乍起，金黄的叶片飘飘洒洒，大地如铺了一层金色的地毯，辉煌凝重，超凡脱俗。

在狂风飘雪的冬季，胡杨不屈的身影身披银装，令人长叹这茫茫沙海中的大漠英雄。此情此景不免让人心生感慨：

不到轮台，不知胡杨之壮美；
不看胡杨，不知生命之辉煌。

阅读链接

关于胡杨的命名，还有另外一个传说：

在很久以前，我国有一个十分奇怪的部落，他们图腾的标志是白头翁鸟。白头翁那时又称鹈鹕，后来这个部落就以"鹈"为姓了，"鹈"后来又写作了"胡"。

随着部落人数的增加，胡姓逐渐成为了我国《百家姓》中的一个大姓，他们主要生活在我国的西部地区，属于少数民族。

后来，西部的少数民族被统称为"胡人"，西域则被统称为"胡地"，甚至西域的野草也被称为"胡草"，还有"胡瓜"、胡豆、胡琴等。同样，生长在西域的一种杨树也跟着姓了胡，人们称它为胡杨。

植物黄金——张家界杜仲树

在紧挨着湘西天门山的一座大山叫崇山,在这座山里的一个小山村里住着一户人家,只有母子二人。儿子名叫李厚孝,为人孝顺、善良、忠厚、老实。

有一天,家里的六旬老母突然患病,卧床不起。厚孝赶紧请来郎中为母亲诊治。可老母服药数帖后,病情未见好转。这可把厚孝急坏了。

张家界风光

> **灵芝草** 又称神芝、芝草，自古以来就被认为是吉祥、富贵、美好、长寿的象征，有"仙草""瑞草""不死药"之称。中华传统医学长期以来一直视为滋补强壮、固本扶正的珍贵中草药。民间传说中，灵芝有起死回生、长生不老之功效。

郎中告诉他，要想治好老母亲的病，必须得去山崖上采回一种灵芝草才行。厚孝听后，立即背上药篓，拿着锄头，就往崇山攀去。

崇山山路奇险，峭壁如削、高耸入云。可为了给老母治病，厚孝哪里顾得上这许多。他攀岩越壑，历尽千辛万苦，终于在一处峭壁上采到了灵芝草。

看着手里的灵芝草，厚孝激动万分，在下峭壁的时候一不小心朝着山下滚去。

不知过了多长时间，厚孝慢慢苏醒过来，摸摸灵芝草还在，心里就放心了。他想赶快把灵芝草带回家给老母治病，却怎么也起不来，腰、腿疼得直钻心……他只得依靠在旁边的一棵树上休息。

天很快黑了下来。朦胧间，厚孝听到了鹤鸣声。他睁眼一看，面前站着一位鹤发童颜的老者。厚孝挣扎着求救道："老爷爷帮帮我，我得赶紧回家给老母

■ 张家界森林景观

■ 杜仲树果实

亲送药……"

"孩子,腰伤得不轻啊!不要动,我给你治治。"老者边说边从怀中掏出一个小葫芦,伸手从树上剥了一块树皮,并从树皮折断处剥出细丝,塞进葫芦摇了三下,树皮就立刻化成了水。老者把这水给厚孝服下。

神奇的是,不一会儿,厚孝的腰就不疼了。厚孝正暗暗纳闷,老者忽然哈哈大笑,扶起他说:"孩子,快回家吧,你的老母亲还等着用药呢!"厚孝握着老人的手,千恩万谢,一定要让老人留下姓名。

老者只是笑了笑,指着那棵大树吟道:

此木土里长,人中亦平常。
扶危祛病魔,何须把名扬!

鹤 俗称"仙鹤",是长寿、吉祥和高雅的象征。在道教中,仙人大多以仙鹤或者神鹿为坐骑。我国传统的老寿星也常以驾鹤翔云的形象出现,人们常以"鹤寿""鹤龄""鹤算"作为祝寿之词,而年长的人去世有驾鹤西游的说法。鹤常和松被画在一起,取名为"松鹤长春""鹤寿松龄"。

■ 刚发芽的杜仲树

之后便骑上白鹤,飘然远去。

厚孝望着老者远去的背影,并不解诗中何意,又因心中挂念老母就立刻回家了。到家后,将灵芝草给老母服下,果然药到病除。

因心中感念老者的恩情,几天后,厚孝又来到了那棵树下。只见树上长满了椭圆状有锯齿的绿叶,树粗且直。厚孝口中喃喃念着老者留下的那四句诗……

啊!莫非那诗指的是"杜仲"二字?此木土里长,"木"旁放一"土"是"杜";人中亦平常,"人中"合起来"仲"。厚孝回想当时的情景,莫非这种树的树皮能治腰伤?

厚孝十分惊奇,剥下一块树皮带回家中。正巧,村里有个人扭伤了腰,厚孝把树皮煎了给村民服下,果然有效。于是,人们就叫这种树为"杜仲"。

关于"杜仲"名称的由来,还流传着这样一个故事呢。

据说,在很久以前,湖南洞庭湖畔的货物还主要是靠木船运输的,而木船得靠人力拉纤才得以前行。由于成年累月地低头弯腰拉纤,纤夫们大多患了腰膝疼痛的顽症。

纤夫中有一个心地善良的青年人,名叫杜仲。杜仲深深感受到纤夫们所受的痛楚,因此他一心想找到一味药来解除纤夫们的疾苦。于是,他告别了父母和

洞庭湖 古称云梦、九江和重湖。位于湖南北部,长江荆江河段以南。在唐宋时期曾号称"八百里洞庭"。洞庭湖浩瀚迂回,山峦突兀,湖外有湖,湖中有山,春秋四时之景不同,一日之中变化万千。古人曾描述东洞庭湖有"洞庭秋月"等潇湘八景。据传说,这里曾是神仙居住的地方。

同伴，离家上山采药。

有一天，杜仲在山坡上遇到一位采药的老翁。他满心欢喜地上前拜见，可老翁头也不回地走了。

杜仲一下子就急了，算算离家已21天了，母亲给准备的口粮也已吃光了，可还是没有找到那样一种草药。想想同伴们，杜仲又疾步追上前拜求老翁，并向老翁诉说了纤夫们的疾苦。

老翁被杜仲的真情所感动，从药篓中掏出一块能治腰膝疼痛的树皮递给他，并指着对面高山对杜仲言道："山高坡陡，采药时可要小心哪！"

杜仲连忙称谢，拜别了老翁后，沿着山间险道向老翁所指的高山攀登而去。

半路上，杜仲遇到了一位老樵夫。老樵夫听说杜仲要上山顶采药，连忙劝阻："孩子，此山巅飞鸟难过，猿猴难度。这一去怕是凶多吉少啊……"

杜仲一心要为同伴们解除疾苦，拜别老樵夫，毅

> **纤夫** 指那些专以纤绳帮人拉船为生的人。在我国古代，河上百舸争流，煤、木材、农副产品和日用品全靠船只运进、运出，纤夫在当时就起着关键性的作用。他们弓着身子，背着缰绳，步态一瘸一拐地往前迈。有许多纤夫拉纤的时候是不穿衣服的，暮春、夏季、初秋等温暖的时节多是光着身子。

张家界森林

然向山顶爬去。到半山腰时，肚子饿得咕咕叫，杜仲心慌眼花得突然翻滚下来……

万幸的是，杜仲的身子悬挂在一棵大树上。过了些时候，他清醒过来，发现身边正是他要找的那种树，高兴得拼命采集。最后，他精疲力竭，昏倒在山崖下，被山水冲入洞庭湖中。

洞庭湖畔的纤夫们听到这一噩耗，立即结伴寻找。人们找到了杜仲的尸体时，他还紧紧抱着一捆采集的树皮。纤夫们含着泪水，吃了杜仲采集的树皮，果真，腰膝疼痛好了。为了纪念杜仲，人们就将这种树及其树皮叫作"杜仲"。

杜仲，又名丝连皮、扯丝皮、丝棉皮、玉丝皮、思仲等，属落叶乔木。其树形整齐，枝繁叶茂，树皮灰白，折断树枝可见银白色胶丝。树高可达20米，小枝光滑，呈黄褐色或较淡，有片状髓。皮、枝及叶均含胶质。

张家界天子山

杜仲单叶互生，椭圆形或卵形，长7厘米至15厘米，宽3.5厘米至6.5厘米。叶先端渐尖，基部广楔形，边缘有锯齿。幼叶上面疏被柔毛，下面毛较密，老叶上面光滑，下面叶脉处疏被毛。叶柄长一二厘米。

杜仲花单性，雌雄异株，与叶同时开放，或先叶开放，生于一年生枝基部苞片的腋内，有花柄，无花被。雄花有雄蕊6枚至10枚；雌花有一裸露、延长的子房，子房一室，顶端有两叉状花柱。翅果卵状长椭圆形而扁，先端下凹，内有种子一粒。花期4月至5月，果期9月。

杜仲为我国特有树种，野生资源稀少。其以树皮入药，也称杜仲，具有补肝肾、强筋骨、安胎的作用。

杜仲药材呈平坦的板片状或两边稍向内卷，大小不一，厚3毫米至7毫米。外表面淡棕色或灰褐色，粗糙，有明显的皱纹或纵裂槽纹；有的树皮较薄，未去粗皮，可见明显的皮孔；内表面暗紫色，光滑。质脆，易折断，断面有细密、富弹性的银白胶丝相连。气味微苦，嚼之

■ 张家界风景

有胶状残余物。以皮厚而大，粗皮刮净，内表面暗紫色，断面银白胶丝多而长者为佳。

杜仲为我国名贵中药材之一，其药用历史悠久。早在两千多年前，《神农本草经》就将杜仲列为上品。谓其：

> 主腰脊痛，补中，益精气，坚筋骨，除阴下痒湿，小便余沥。久服，轻身耐老。

《本草纲目》中也称其：

> 其功效补肝肾、强筋骨、调血压……上焦之湿非杜仲不除，中焦之虚非杜仲不去，下焦之热非杜仲不利。

《神农本草经》 简称《本草经》或《本经》，是我国现存最早的药物学专著。此书成书于东汉，并非出自一时一人之手，而是秦汉时期众多医学家总结、搜集、整理当时药物学经验成果的专著，是对我国中草药的第一次系统总结。被誉为我国"中药学经典著作"。

杜仲雌雄异株,生长速度极慢,要生长十几年才能开花结果。杜仲主要分布在长江中下游及南部各省的山地林中,河南、陕西、甘肃等地均有栽培。

杜仲喜阳光充足、温和湿润气候,耐寒,对土壤要求不严,丘陵、平原地区都可以种植,也可利用零星土地栽培。

以杜仲初春芽叶为原料可以制作杜仲茶。杜仲茶是一种茶疗珍品,为我国名贵保健药材,具有降血压、强筋骨、补肝肾的功效,同时对降脂、降糖、通便排毒、促进睡眠效果明显。杜仲由于药用价值高,并且用途广,所以它又被人们誉为"植物黄金"。

此外,杜仲也是非常古老的树种。在地球上已发现的杜仲属植物多达十几种,可是在第四纪冰川侵袭时,欧亚及北美大陆的众多杜仲植物相继灭绝,只有在我国中部山区由于复杂地形对冰川的阻挡,使得少数杜仲幸存下来,成为地球上杜仲科杜仲属仅存的孑

> **《本草纲目》**
> 是由我国明朝伟大的医药学家李时珍为修改古代医书中的错误而编,他以毕生精力,亲历实践,广收博采,对本草学进行了全面的整理总结,历时29年编成,30余年心血的结晶。共有52卷,载有药物1892种,其中载有新药374种,收集药方11096个。是一部具有世界性影响的博物学著作。

■ 张家界风光

武陵山脉 地处我国中南部，跨越湖南、湖北、贵州和重庆四省市，长度约420千米，一般海拔高度1000米以上，面积约十万平方千米。武陵山脉为东西走向，主峰为梵净山；最高峰为凤凰山主峰，海拔2570米。武陵山系覆盖的地区被称为"武陵山区"。

遗植物。杜仲对研究被子植物系统演化以及我国植物区系的起源等诸多方面都具有极为重要的科学价值。

在整个地球上，只有我国中部的武陵山脉一带才能见到天然的野生杜仲，资源极少。其药材主产于四川、陕西、湖北、河南、贵州、云南等地。

由于杜仲的表皮是草质的，内有韧性较强的银白胶丝相连，剥皮后可再生。只要保护好母树，便可以经常剥皮，一年一次。

采集时，一般采用局部剥皮法。每年清明至夏至间，可选取年份在15年至20年以上的植株，按药材的规格大小，剥下树皮，刨去粗皮，置于通风干燥处晒干即可。

我国张家界，是世界最大的野生杜仲产地，是有名的"杜仲之乡"。一棵棵高大的杜仲树，是那样

■ 张家界美景

■ 张家界森林

的坚毅挺拔，那样的富有生机。茂盛的树冠中可见粒粒果球。树枝都向外探，它们枝枝相沟连，叶叶相覆盖，仿佛在上空形成了一道绿色的穹顶。

清晨的阳光透过这些绿叶和它们的间隙，零零碎碎地洒在地面上，在散发着潮润泥土味的空气中渗透着自己的光亮。夏天遮天蔽日，为人们带来凉爽。

张家界早先并不叫张家界，叫青岩山，那时，青岩山上也没有姓张的人家。为什么后来又叫它张家界呢？这事儿，还和杜仲有关呢！

相传，汉高祖刘邦平定天下后，滥杀功臣。留侯张良便想效法当年越国范蠡，隐匿江湖。可是到哪里去好呢？

一辗转登上了青岩山。这里别有天地，正是张良要寻求的"世外仙境"。从此，他便在这里隐居下

范蠡 字少伯，春秋时期楚国宛地三户邑，今河南淅川人。春秋末著名的政治家、谋士和实业家。后人尊称"商圣"。他辅佐越国勾践兴越国，灭吴国，一雪会稽之耻，功成名就之后激流勇退，其间三次经商成巨富，三散家财，自号陶朱公，乃我国儒商之鼻祖。

■ 张家界风光

来，修行学道，并留下了一脉张氏子孙。

据说，张良为了让青岩山水更美，曾在青岩山南侧植了7棵杜仲树。这7棵杜仲树长得又高又大，就像7把巨伞，撑在半山腰。

许多年后的一天，一个叫张万冲的官吏，上青岩山游玩。当他看到这7棵杜仲树，像巨人般立在那里，顿起邪心，便想以这7棵树为界，把青岩山这块神奇的土地，通统划为己有。

于是，他请来一名雕刻匠，要他在每一棵树上雕刻一个大字。这雕匠刻呀、雕呀，雕了七七四十九天，才刻成7个大字："指挥使张万冲界"。

有一天，猎户张家雄进山赶老虎，从7棵杜仲树下路过，他见每棵树上都流着黄水，如泪人一般。张家雄最初感到惊奇，不知道杜仲树为什么会流泪？

后来他看到了"指挥使张万冲界"7个大字，

张良（约前250年—前186年），字子房，颍川城父，今河南宝丰县人。汉高祖刘邦的重要谋臣，与韩信、萧何并列为"汉初三杰"。他以出色的智谋，协助汉高祖刘邦在楚汉战争中最终夺得天下，被封为留侯。他精通黄老之道，不留恋权位，晚年据说跟随赤松子云游。张良去世后，谥为文成侯。

才恍然大悟，顿时火冒三丈，猛地拔出猎刀，"嚓嚓"几刀，将"万冲"两字，改成了"家雄"。

张家雄的这一举动，寨民们齐声叫好，只有张万冲气急败坏，暴跳如雷。他调来亲兵，把青岩山一带围得水泄不通。他把寨民赶到杜仲树下，声称要用大家的血染红那7个大字。

正在危急时刻，只见7棵树干突然喷出7股桶大的黄水，直朝着张万冲的人马射来。霎时，狂涛巨浪，铺天盖地，把张万冲和他的兵马一齐卷进金鞭溪去了。

这时，猛听得云头上有人发下话来："寨民们听着：此地本是天造地设，人间仙境，哪能容得张万冲这个不肖子孙横行。吾神已将他葬入海底。此地现归张氏共同所有，永世永代生息！"

说罢，他将拂尘往7棵杜仲树上一指，只见7棵杜仲树上立即现出了"人间仙境张家界"7个金灿灿的大字。众人抬头一看，只见那仙人正是张良。因为是张良仙人赐名，此后，人们便把青岩山叫作"张家界"了。

阅读链接

关于杜仲名称的由来，还有另外一个传说故事。

古时候，有位叫杜仲的大夫。他筋骨不强，经常腰腿酸痛。有一天，杜仲进山采药，偶然看见了一棵粗壮、挺拔的参天大树，且在无意中发现其树皮里有像"筋"一样的多条白丝。

他认为该种植物不同寻常，他想如果人服用了这树皮的"筋骨"，是否也会像这种植物一样筋骨强健。于是，下决心尝试。几天后，不仅无不良反应，反而自觉精神抖擞，腰、腿也轻松了。

杜仲又服用一段时间后，结果奇迹出现了，不仅身轻体健、头发乌黑，最后还得道成了仙人。因此人们叫这种植物"思仙""思仲"，后来就干脆叫它"杜仲"。

纯情之树——红石白桦林

在我国的满族神话传说中，天神阿布卡恩都里做了一个泥人放在柳叶上，顺水漂到了大地上。后来，泥人与美丽的鹿成亲繁衍了人类。

阿布卡恩都里立了大功，成为九天上的神中大神，他住在华丽的宫殿里。在他的宫中有一个聚宝宫，收藏了3000多个宝匣子，他自己掌管着钥匙，不许他人动用。

白桦林秋景

阿布卡恩都里有3个女儿，大女儿叫蓝天，性格温顺，事事顺从阿玛；二女儿叫星星，美丽漂亮，总把自己打扮得金光闪闪；三女儿叫白云，身披雪花云镶成的银光衫，聪明伶俐，正直善良。阿玛·阿布卡恩都里非常喜欢她们。

阿布卡恩都里造就人类后，人们过着美满的生活，渐渐地，他们开始不再听从阿布卡恩都里的命令。为了争夺人口和土地，他们之间经常互相征战。这触怒了阿布卡恩都里，他一气之下打开了宝匣，把洪水洒向人间，要淹没一切生灵。

■ 冬天里的白桦树

三女儿白云看见阿玛用这种残忍的办法惩罚人类，十分同情大地的生灵，请求阿玛收回洪水。阿玛不听她的劝说，孤注一掷。

白云看见人和动物在洪水中挣扎，她急忙摘些树枝阻挡洪水，洪水虽然小了一些，变成了几条洪流，但没有得到根治。

为了彻底治理洪水，挽救地球上的生灵，她不顾个人安危，甚至不惜背叛阿玛去搭救人类。她偷了阿玛的钥匙，打开了宝匣，把黄沙土、黑沙土撒向大地，把洪水压在土下，人类得救了。

阿布卡恩都里知道是三女儿偷走了宝匣的钥匙后，

生灵 佛教认为万物都是与人类平等的、有生命的东西。大自然的一草一木都有其存在意义，佛教主张用慈悲之心善待宇宙万物，主张万物共生共荣，只有这样才能把众生的国土变成祥和安宁的乐土。

■ 白桦树

十分震怒，派天兵到处抓她。白云无处藏身便逃出天宫，来到九层天下，很长时间不回天宫。

阿布卡恩都里非常喜爱他的三女儿，也很想她，便让两个姐姐劝她回天宫，只要她能承认错误，阿玛就饶恕她。可是，白云认为自己是为了救那些可怜的生灵并没有错，这一切是阿玛的过错。

阿布卡恩都里听后气愤万分，降下大雪以示严惩。三女儿宁死不屈，以死向阿玛抗争，誓死要与天下百姓生活在一起，为他们造福。最后她被冻死了，变成了洁白如玉的白桦树，生长在长白山脉。

这里居住的满族祖先和她朝夕相处。她让人们用她的躯体做耙、犁辕、盖房子、建哈什，用她的银衫编筐织篓。夏日，让人们用她的汁液解渴。这里的人们亲切地称她白云格格。

无独有偶，在大兴安岭深处，鄂尔克奇北有一座高耸入云的白岭，那岭上也长满了银枝绿叶的白桦树。不过，那里的人们都说这些白桦树是箭矢变成的，关于这里的白桦树形成，也流传着一个故事。

在很早以前，白桦岭上巨石嶙峋、黄沙遍地、寸草不生、野鹿不来、飞龙不落，是一片光秃秃的荒山。而在山的南北各住着一个部落，山南住的是金

犁辕 犁的元祖是耒耜和鹤嘴锄。最早的耒耜是直插式单人操作农具。为了能双人使用，在耒耜的头与柄结合部，装接了一根直木棍，变成了双人操作的、一推一拉式农具。增加的这根直木棍就是最早的犁辕；有了辕的耒耜也就变成了原始的犁。后来，人们将直辕、长辕改为曲辕、短辕，以节省人力和畜力。

鄂部落，山北住的是银鄂部落。两个部落常因互占猎场、争夺马匹而发生战斗。

有一年，银鄂部落的剽悍猎手海星格被推为首领。他一心想打败金鄂部落，就整天带领强壮猎手习武练功。金鄂部落首领牟库赞汗听说海星格准备进攻金鄂部落，也率领自己的猎民修弓造箭……

有一天，天朗气清，万里无云，突然烟尘滚滚，一片喊杀声向金鄂部落奔来。牟库赞汗早有准备，集合全部落青壮年猎手前去应战。双方来到秃山前，不由分说就打起仗来。双方一个占领南坡，一个登上北坡，强弓利箭对射起来。

在他们打得难解难分的时候，山神白那查路过这里，他停住了他的猛虎坐骑，站在岩石上观看，原来是两个部落在打仗。

> **坐骑** 供乘骑的马匹或其他畜、兽等。在各种佛、菩萨的坐骑及台座中，经常可以见到不同的动物，象征诸位本尊不同的特德。一般安置佛、菩萨像的台座，最普遍有狮子座、莲花座、鸟兽座、磐石座等。此外，也有狻猊来比喻佛陀，因此将佛、菩萨的台座称为"猊座"。

■ 白桦林秋景

雷神 起源于我国古代先民对于雷电的自然崇拜。远古时期,气候变化异常,晴朗的天空会突然乌云密布,雷声隆隆,电光闪闪,雷电有时会击毁树木,击死人畜。使人们认为天上有神在发怒,进而产生恐惧之感,对之加以膜拜。后来从单纯的自然神逐渐转变成具有复杂社会职能的神。

白那查想要帮助他们和解,就赶紧请来雷神、雨神。煞时云雾密布,雷电交加,大雨倾盆而下。海星格和牟库赞汗见此情景,只好约定第二天再决一胜负,便各自收兵回到部落。

第二天,太阳高照,晴空万里,海星格和牟库赞汗又各领部落人马杀向前来。当他们来到山下一看,只见漫山遍野长起了银枝绿叶的白桦林。

海星格和牟库赞汗正在迷惑不解的时候,忽听山里传来了悦耳的歌声:

南山和北山哪,本是一重天。
喝的是一河水呀,同猎在兴安。
都是亲兄弟呀,何必相摧残?

■ 笔直的白桦树

美丽的白桦树林

愿春雨洒遍青山哪,兄弟熄烽烟。
箭矢变成白桦林,携手共团圆!

听到这歌声,牟库赞汗和海星格恍然大悟,原来白那查把我们相互仇杀的箭矢变成了可爱的白桦林!他们不约而同地扔掉手中的武器,奔到山顶亲切地拥抱在一起。金鄂部落和银鄂部落的猎手们也都手拉手,一起唱歌,跳起舞来。

从此以后,两个部落果真和睦相处,鱼水相依。而那些由箭矢变成的漫山遍岭的白桦林,也一直繁衍到今天。

白桦树,又名桦树、桦木、桦皮树,为落叶乔木。它的树高可达27米,胸径50厘米;树冠卵圆形,树皮灰白色,纸状分层剥离,皮孔黄色。

白桦树枝条呈暗灰色或暗褐色,成层剥裂,具或疏或密的树脂腺体或无;小枝细,暗灰色或褐色,外被白色蜡层。无毛亦无树脂腺体,有时疏被毛和疏生树脂腺体。

夏日里的白桦树

白桦树的叶子是三角状卵形的,有的近似于菱形,叶缘围着一圈重重叠叠的锯齿,其叶柄微微下垂,在细风中飒飒作响。

叶厚纸质,长3厘米至9厘米,宽2厘米至7.5厘米。叶顶端锐尖、渐尖至尾状渐尖,基部截形,宽楔形或楔形,有时微心形或近圆形,边缘具有不规则重锯齿,有时具缺刻状重锯齿或单齿,上面于幼时疏被毛和腺点,成熟后无毛无腺点,下面无毛,密生腺点。有侧脉5对至8对,叶柄细瘦,长1厘米至2.5厘米,背面疏生油腺点,无毛或脉腋有毛。

白桦树花期5月至6月,8月至10月果熟。其花单性,雌雄同株,柔荑花序。果序单生,呈圆柱形或矩圆状圆柱形,通常下垂,长2厘米至5厘米,直径6毫米至14毫米。

序梗细瘦,长1厘米至2.5厘米,密被短柔毛,成熟后近无毛,无或具或疏或密的树脂腺体。果苞长3毫米至7毫米,背面密被短柔毛至成熟时毛渐脱落,中裂片三角形,侧裂片平展或下垂。

坚果小而扁,呈椭圆形、狭矩圆形、矩圆形或卵形,长1.5毫米至3

毫米，宽约1毫米至1.5毫米，背面疏被短柔毛。两侧具有膜质翅，较果长1/3，与果等宽或比果稍宽一些。膜质翅就像两个宽宽的翅膀，使得果实可以随风飘荡，落在适宜的土壤上就能生根发芽，繁衍后代。

白桦树生长在我国东北大、小兴安岭、长白山，华北的山西、河北，华中的湖南，西北的内蒙古、新疆、宁夏、陕西、青海，西南的四川、云南西北部。

我国大、小兴安岭及长白山均有成片纯林，在华北平原和黄土高原山区、西南山地亦为阔叶落叶林及针叶阔叶混交林中的常见树种。

白桦树喜光，不耐阴，耐严寒，对土壤适应性强，喜酸性土，沼泽地、干燥阳坡及湿润阴坡都能生长，分布甚广，尤喜湿润土壤，为次生林的先锋树种。

深根性树种，耐瘠薄，常与红松、落叶松、山杨、蒙古栎混生或成纯林。天然更新良好，生长较快，萌芽强，寿命较短。

白桦树的木材可供一般建筑及制作器、具之用，可用于制作胶合

幽静的白桦树林

> **鞋楦** 是鞋的母体。是鞋的成型模具，又叫作鞋撑。鞋楦不仅决定鞋造型和式样，更决定着鞋是否合脚，能否起到保护脚的作用。因此，鞋楦设计必须以脚型为基础，但又不能与脚型一样，因为脚在静止和运动状态下，其形状、尺寸、应力等都有变化。为此，鞋楦的造型和各部位尺寸不可能与脚型完全一样。

板、细木工板、家具、单板、纺织线轴、鞋楦、车辆、运动器材、家具、乐器、造纸原料等。其树皮不仅可供提取桦油，在民间也用于编制日用器具。

大兴安岭境内原始森林中的野生白桦树的汁液，是一种无色或微带淡黄色的透明液体，有清香的松树气味，含有人体必需且易吸收的多种营养物质，具有抗疲劳、抗衰老的保健作用。

天然桦树汁不仅是桦树的生命之源，也是世界上公认的营养丰富的生理活性水。

桦木皮也有清热利湿，祛痰止咳，解毒消肿的作用，可用于治疗风热咳喘、痢疾、黄疸、咳嗽、乳痈、疖肿、痒疹、烫伤等。

白桦树枝叶扶疏，姿态优美，尤其是树干修直，冰肌玉骨，素淡深邃。白桦树或孤植或丛植于庭园、公园之草坪、池畔、湖滨或列植于道旁均颇美观。

■ 山地白桦林

白桦风景林

若在山地或丘陵坡地成片栽植，还可组成美丽的风景林。因此，历来有许多艺术大师喜以白桦为题材进行艺术创作，来表现白桦的美、白桦的气质、白桦的情感。

白桦高贵神圣，风姿绰约，妩媚迷人。有人描摹春季的白桦，说她从沉睡中苏醒，在春之声中跳起芭蕾，洁白雅致宛如天使一般，把生机洒向人间。

有人赞美着夏天的白桦，称她穿上了翠衣，枝繁叶茂，郁郁葱葱，托起一片青山绿水。

有人感叹秋天的白桦，别有一番色彩。风凉凉地吹着，太阳的光线穿透在风中舞蹈的叶子，将阳光的色彩融进自己的经脉，白桦树叶的金色便在阳光下熠熠闪光，在萧瑟中储存着一片金黄。

有人仰慕冬天的白桦，树叶虽已落光，但紫红色的树梢，迎风傲雪，藐视着一切严酷和肃杀，显示出无比旺盛的生命力。

走进白桦林，听着哗哗作响的风叶之声，我们面对的仿佛就是一排排多情婉约的丽人，个个玉树临风，风情万种，清俊挺拔。

夜空下的白桦树

吉林红石国家森林公园位于长白山麓，美丽的松花江横穿公园腹地，占地面积28000多公顷，水域面积2200多公顷，森林覆盖率84.6%，依托白山湖、红石湖及沿岸的原生态自然景观，组成山、岛、湖三位一体的自然风光，山水相映，风光旖旎。它是我国吉林境内占地面积最大、森林覆盖率最高、野生动植物最全、水土含量最为丰沛的多功能型国家级森林公园。

红石国家森林公园之美，美在自然、美在大气、美在神圣、美在神奇，它以其特有的自然景观、原始生态、森林文化、萨满历史、独特风俗和深厚的文化底蕴而博得了人们的青睐。

在这座森林公园内,还有著名的白桦林,它们枝叶疏散,枝条柔软,迎风摇曳。它们树皮洁白,光滑细腻,有层白霜,像纸一样可以分层剥离。

这些树木喜光抗寒,端直挺拔,白色的主干冰肌玉骨,素淡深邃,正如长白山人纯正质朴的品格和不惧艰险、迎难而上的气概。

春季的白桦林像一群白衣天使,散发出那诱人的芬芳。

夏季的白桦林一片碧绿,枝叶舒展、郁郁葱葱,起伏如波。蓝蓝的天空衬托着它们的高洁,缤纷的野花装点它们脚下的土地。它们以高大的身躯支撑着天空,笑看白云飘飘、狂风呼啸;它们固守着大地,聆听潺潺流过的溪水,就像当值的哨兵警惕地守卫着军

萨满 萨满教是一种原始的宗教。"萨满"是通古斯语的音译,即"巫"的意思。认为世界分为三层:天堂、地面、地狱。一是通过萨满的舞蹈、击鼓、歌唱来完成精神世界对神灵的交流;二是以萨满为主体,同样通过舞蹈、击鼓、歌唱来做到"灵魂出壳"。这些神秘仪式被称为"跳神"或"跳萨满"。

■ 冬天里的白桦林

■ 白桦林雪景

营和家乡。

秋季的白桦林将阳光融进自己的枝叶。叶片由绿变黄，金光灿灿，淡红的枝梢楚楚动人，伴着苦霜勾勒凝重的色彩。

雪白的树干和金黄的叶片相互衬映，相得益彰。有风吹过，它们便一齐沙沙地唱响起来，显得摇曳多姿、妖娆可爱。

冬季的白桦林成为雄壮的军队。树叶虽都落光，但树梢却是紫红色的，密密麻麻，直指蓝天，显示着旺盛的生命力。

它们顶风傲雪，巍然屹立，给人以庄严、凝重、坚毅的感觉。大雪纷飞过后，被雪覆盖的树干像是修长的腿套上了白色的毡靴，在瑞雪的衬映下显得更加健壮、仪表堂堂。

除了白桦林，在红石国家森林公园内，还有植物190余种，野生动物150余种，鱼类60余种。红松、柞树、水曲柳等珍贵树种在这里竞相生长，黑熊、梅花鹿、白鹳等动物同栖于林溪湖畔。野生珍菌类有黄蘑、猴头、榛蘑等20种，中药类有人参、灵芝、天麻等50余种。

红石国家森林公园有古遗址7处，深山古刹遗址8处。还有山神爷老把头、开山始祖马文良、放排鼻祖谢老鸹、东北淘金王韩边外等叱咤风云的历史人物。

红石国家森林公园是满族的发祥地，清初被誉为"龙水凤脉"的"龙兴之地"。园内民俗民风极为奇特，有放山习俗、开山习俗、祭江习俗、淘金习俗、木把节等组成的多元森林文化，而在园区生活的伐木人、淘金人、放排人、狩猎人、打鱼人、放山人等不同行业的民俗民风更为精彩。

红石国家森林公园风光旖旎，景色秀丽，具有显著的北国风光。这里春季山花烂漫，凤蝶翩跹；夏季苍山滴翠，湖光旖旎；秋季层林尽染，万山红遍；冬季银装素裹，雪域绵延。

> **木把节** 也叫老把头节或山神节。"木把"是古代伐木工人的自称；"老把头"也就是伐木工人的祖师神。据说，清初封禁时代，不准汉人进入东北林区，官兵稽查很严，独有孙良冒险入林谋生，为后人开辟了生路。后来，人们为了纪念孙良，便在他去世的那一天，定为木把节，以祭祀孙良。

■ 山脚下的白桦林

大地风骨

落叶乔木林

■ 秋天的白桦林

红石国家森林公园最著名的景观就是红林雾凇。红石雾凇群上至白山湖的两江口，下至吉林，延绵百里，是世界上最大的雾凇景观群。

置身其中，或漫步徜徉，或云桥放眼，或雾里寻花，在饱享眼福之中，悟一番天人合一的妙蕴。

当晨曦微露之时，金光闪闪，雾凇分外妩媚，妖娆多姿，宛若涌起的仙山琼阁，海市蜃楼，气势雄浑，蔚为壮观。

红石国家森林公园的林海雾凇，是山水共舞时绘就的流动画卷，是天地挥毫间写下的绝美诗篇。

阅读链接

传说，在秦岭山脉的一片白桦林中，有两棵年少的桦树，一棵名为信哲，一棵名为娓婳。信哲深爱着娓婳，娓婳也深爱着信哲。

有一天，一个男孩来到了信哲身边，轻轻剥下一块树皮，在上面给一个女孩写了情书，女孩看了树皮情书后真的成为男孩的女友。这件事流传了出去，少男少女们为了得到美满的爱情都来到信哲这里，剥树皮，写情书。

善良的信哲为了成全少男少女们的爱情，便把自己身上所有的树皮都贡献出来。无数有情人成了眷属，而信哲却因失去了树皮无法储藏运输营养而悄然死去。

信哲用自己短短的生命成全了无数爱情，可他与娓婳却永远无法享受爱情了。娓婳悲痛欲绝，终于泪尽而死，以身殉情。

东方神木——黄河故道桑树林

西汉末年,大司马王莽篡位,身为布衣却有汉朝皇族血统的刘秀,在家乡南阳起兵讨伐王莽,立志恢复汉朝刘家天下。可是在幽州附近却被王莽手下大将苏献打得大败。

茂盛的桑树林

当刘秀从战场上逃出来的时候，只剩下自己孤零零的一个人，并且胸前受了刀伤，左腿中了一支毒箭。

正当他拔出毒箭，包扎完伤口想坐下来歇一歇的时候，后边又传来了"抓住刘秀，别让刘秀跑了"的喊声。刘秀一听，吓得赶紧进了前面不远处的一片树林里。

追兵过去了，可刘秀明白，这里离王莽的营寨很近，自己没有马匹兵刃，身上又有伤，出去就会被抓住，现在最好的办法就是先找个安全的地方藏起来。

想到这儿，他忍着疼痛向前走去。走着走着，前边发现了一座废弃的砖窑，先在这儿躲躲吧！刘秀想着，又看了看四周无人便走了进去。

这座砖窑已经废弃多年，外面杂草丛生，里面到处是残破的砖瓦，刘秀进去后仔细地察看了一下，确认这里安全之后靠着一棵树坐了下来。也许是他太疲劳了，也许是箭毒发作了，刘秀一坐下就晕了过去。

此时，正值5月中旬，一阵阵轻风吹过，一棵树上熟透的果实三三两两地滚落下来，猛然间，一棵果实落入刘秀口中。刘秀不知何物，

山坡上的桑树林

初春桑树林

想吐出来,可是已经晚了,那颗果实在他的口中慢慢地融化了,甜甜的、香香的感觉顿时传遍了刘秀的全身。刘秀随手一摸,又摸到了几颗,慢慢地放入口中,真是人间绝品。

刘秀喜出望外,顾不得全身伤痛,借着明亮的月光在身边的草丛中找了起来,一颗、两颗、三颗,刘秀贪婪地找着、吃着,直到远处传来阵阵的鸡叫声,刘秀才恋恋不舍地爬回了砖窑里。

就这样,刘秀白天在砖窑里避难,晚上出来捡些果实来充饥,时间大约过了三十几天,刘秀胸前的刀伤好了,腿上的箭毒消了,身体已渐渐地恢复了健康。

正当他想出去寻找队伍的时候,他手下的大将邓羽也带人找到了这里。君臣见面之后,刘秀将此番经历说与众人后,问邓羽:"这树叫什么名字?"

邓羽说:"这棵树叫桑树,它左边的那棵叫椿树,右边的是柳树,您吃的是桑树上结的果实,叫桑葚儿。"

刘秀点了点头又问邓羽:"这里是什么地方?"

■ 桑树果实桑葚

邓羽回答说:"此处正是前野厂村,属于大兴县管辖。"

刘秀感慨地说:"原来如此,邓将军,替孤想着,一旦恢复汉室,孤定封此树为王。"

10年之后,刘秀果然推翻了王莽,做了皇帝,但封树一事却早已忘记。一日梦中,忽有一老者向刘秀讨封,刘秀醒来后猛然想起当年之事,随即命太监带了圣旨去前野厂村封这棵桑树。

谁知那太监到了那桑林之后,被夏日的桑林美景迷住了,停停走走,直到黄昏,才想起了怀中的圣旨。可这时他又忘了刘秀向他描述的那棵树的样子和名称,只是隐约地记住了有3棵树,树干笔直,果实香甜。

当他找到那几棵树时,夕阳已经隐去。而此时的桑树果实已经采摘完了,只有椿树的果实正招摇地挂在枝头。那太监也不去细想,对着椿树便打开了圣旨。读罢圣旨,那太监便匆匆离去。

被封王的椿树高兴得手舞足蹈,而那曾经救驾的桑树却被气得肚肠破裂。自此,椿树长得又高又快,受到人们的尊敬。刘秀错封了树王,桑树越想越生气,到最后气破了肚皮,还留下一条裂缝,竟然成了"气破肚"。

椿树 又名木茗树,因叶基部腺点发散臭味而得名。属于苦木科,是一种落叶树。它原产于我国东北部、中部和台湾。生长在气候温和的地带。这种树木生长迅速,可以在25年内达到15米的高度。此物种寿命较短,极少生存超过50年。适生于深厚、肥沃、湿润的砂质土壤。

而长在桑树旁边的柳树，也为桑树打抱不平，桑树气它也气，桑树气破了肚，扭伤了腰，成了"扭扭腰"。真是"赏罚不明，木也不平"啊！

桑树，多年生木本植物，属落叶乔木树种。树高可达16米，胸径可达1米。树体富含乳浆，树皮黄褐色。树冠倒卵圆形。

桑树的树干包括主干和支干两部分，在自然状态下，桑树有明显的主干和支干。从主干上分生出许多层树干，最后一次的分枝上着生许多叶片即枝条。这样多层分枝所形成高大的树形称乔木桑，多层分枝形成了树冠。

桑树的叶卵形或宽卵形，先端尖或渐短尖，基部圆或心形，锯齿粗钝，幼树之叶常有浅裂、深裂，上面无毛，下面沿叶脉疏生毛，脉腋簇生毛。

桑树的花是单性不完全花，有雌花和雄花之分。桑花无花瓣，只有萼片。雄花有花萼4片，有一萼片内有雄蕊1枚。雌花也有4片花萼，外面2片，内侧2片，两两相对，在萼片内有雌蕊1枚。

雌花受粉后，柱头逐渐枯萎，花萼和子房壁发育成多汁多肉的浆果，数十个小果集结在同一花轴周围，即形成桑葚。桑葚

> **圣旨** 我国古代时皇帝下的命令或发表的言论，是帝王权力的展示和象征。圣旨的材料十分考究，均为上好蚕丝制成的绫锦织品，图案多为祥云瑞鹤，富丽堂皇。圣旨两端则有翻飞的银色巨龙作为防伪标志。其轴柄的质地按官员品级不同而加以区别：一品为玉轴。

■ 山中野生桑树

最初为绿色，逐渐变为红色，成熟时为紫黑色。桑葚淘洗后，可见淡黄色、扁卵圆形的桑种子。花期4月，果熟5月至7月。

桑树原产我国中部，后来南北各地广泛栽培。东北自哈尔滨以南，西北从内蒙古南部至新疆、青海、甘肃、陕西，西至四川、云南，南至广东、广西，东至台湾，尤以长江中下游各地为多。

垂直分布一般在海拔1.2千米以下，西部可达1.5千米。朝鲜、蒙古、日本、俄罗斯、欧洲及北美亦有栽培，并已归化。

桑树喜光，幼时稍耐阴，对气候、土壤适应性都很强。其耐寒性强，可耐零下40度的低温。桑树耐旱，也可在温暖湿润的环境生长，但桑树畏积水，积水时生长不良甚至死亡。

桑树耐瘠薄，但喜深厚、疏松、肥沃的土壤，能耐轻度盐碱。其根系发达，抗风力强。桑树生长快，萌芽力强，耐修剪，有较强的抗烟尘能力。桑树寿命长，一般可达数百年，个别可达千年。

桑树可用播种、扦插、压条、分根、嫁接等方法繁殖。其树形可根据功能要求和品种等培养成高干、中干和低干等形式。

未成熟的桑树果实

例如：以饲蚕为目的栽培，多采用低干杯状整枝，以便于采摘桑叶；在园林绿地及宅旁绿化栽植则采用高干及自然之广卵形树冠为好。

桑叶是喂桑蚕的主要食料；桑树木材可以制家俱、农具，并且可以作小建筑材；桑皮可以造纸；桑条可以编筐；桑葚可以酿酒。同时，其叶、根、皮、嫩枝、果穗、木材、寄生物等还是防治疾病的良药。

以经霜后采收的桑叶，称霜桑叶或冬桑叶。其味苦甘而性寒，入肺肝经，有疏风清热，凉血止血，清肝明目，润肺止咳之功效。常用于治疗风热感冒、肺热咳嗽、肝阳头痛眩晕、目赤昏花、血热出血及盗汗等症。

■ 诱人的桑树果实

桑树的嫩枝，于春末夏初采收。其味苦性平，可祛风湿，通经络，利关节，行水气。多用于治疗风湿性痹痛、四肢拘挛、水肿以及身痒等症，尤擅疗上肢痹痛。

此外，把桑树的枝条烧灼后，可沥出汁液，名桑沥，《本草纲目》等书载其能治疗"大风疮疥"、破伤风、小儿身面烂疮等症。

冬季采挖桑根，除去其栓皮可作药用。味甘性寒，有泻肺平喘，行水消肿之功。常用于治疗肺热咳喘、痰多、水肿、脚气、小便不利等症。桑根带皮用亦可入药，书载其味微苦性平，能治疗惊痫、筋骨

嫁接 指将一棵植物的组织融合到另一棵植株上的技术。它是园艺工作广泛应用的一种繁殖植株的方法。是植物的人工营养繁殖方法之一。即把一种植物的枝或芽，嫁接到另一种植物的茎或根上，使接在一起的两个部分长成一个完整的植株。接上去的枝或芽，叫作接穗。

■ 桑树幼苗

痛、高血压等。

桑葚为桑树结的果穗,夏季采收。味甘性寒,归心肝肾经,有补肝益肾、滋阴补血、生津润肠、熄风之功效。常用于治疗阴亏血虚之眩晕、目暗、耳鸣、失眠、须发早白及津伤口渴、肠燥便秘等。

桑树的枝叶和桑皮都是极好的天然植物染料。桑叶染色,在丝布与棉布的呈色很接近,可染出卡其黄,其中铝、锡媒染呈色稍鲜明些,黄褐色,呈带黄味的灰色。利用桑树枝叶染色为桑树产业发展开辟了一条新的通道,也为天然植物染色提供了新的原材料。

桑树树冠宽阔,树叶茂密,秋季叶色变黄,颇为美观,且能抗烟尘及有毒气体,适于城市、工矿区及农村四旁绿化。它适应性强,为良好的绿化树种及经济树种。

我国是世界上种桑养蚕和缫丝织绸最早的国家,这是中华民族对人类文明的伟大贡献之一。桑树的栽培已有4000多年的历史。商代的甲骨文中已出现桑、蚕、丝、帛等字形。到了周代,采桑养蚕已是常见农活。春秋战国时期,桑树已成片栽植。

在我国民俗文化中,桑树具有非常显著的地位。可能是因为桑叶作为养蚕业的原料,而获得神树的地位。《淮南子·主术》中有"汤之时,七年旱,以身祷于桑林之际"。民间还有桑木可避邪的说法,其由

缫丝 将蚕茧抽出蚕丝的工艺的概称。我国在原始社会就存在缫丝。原始的缫丝方法,是将野蚕茧和家蚕茧浸在热盆汤中,用手抽丝,卷绕于丝筐上。盆、筐就是原始的缫丝器具。后来,缫丝技术有所发展,从蚕茧牵引出丝绪,把丝绕到框架上形成丝绞。在西周时,我国就有人用茧衣制作丝绵袍。

来是这样的：

传说很久以前，在我国新疆鄯善境内住着一户人家，牧羊人和他的妻子、女儿。妻子温柔、贤淑，女儿聪明、乖巧。牧羊人还有一匹马、一条狗和一只公鸡，他的房屋周围种满了果树。

当果树开始结果时，牧羊人拿出一些树种，把妻子叫到一边，低声说："这是我父母留给我的桑树种子，把它种在果树中间较隐蔽处，桑木很珍贵，用它制作的武器可以除妖灭怪。有一个黑怪专门拔桑树苗，要小心提防。"

桑树种子种下后没几年，长成了一根根粗壮的桑树。牧羊人一家高兴极了，但又非常担忧黑怪来捣乱，时刻提防着。

一天，黑怪趁牧羊人不在家偷偷来拔桑树。这时狗叫了，公鸡也叫了，牧羊人的妻子拼命护着桑树，叫马儿去找牧羊人。

待牧羊人赶回时，妻子已被黑怪抓去，桑树也被砍断了好几根枝条。牧羊人气极了，本想去追赶黑怪，但想到桑树还在，黑怪肯定不会就此罢休，于是牧羊人就守护着桑树，等候黑怪。

果然，没过多久黑怪又来了。狗叫鸡鸣的，牧羊人用斧头砍向黑怪，可是斧子却反弹了回来。牧羊人又顺手拿起被黑怪砍下的桑树砸

甲骨文 又称"契文""甲骨卜辞"或"龟甲兽骨文"，主要指我国商朝晚期王室用于占卜记事而在龟甲或兽骨上契刻的文字。是我国已知最早的成体系的文字形式，它上承原始刻绘符号，下启青铜铭文，是汉字发展的关键形态。我国现代汉字即由甲骨文演变而来。

■ 桑树枝叶

> **锦** 起源于我国，已有3000多年的历史。是一种采用先染后织，具有多种色彩花纹的丝织物。色彩多于三色，以经面缎纹为地组织纬起花的提花丝织物，外观瑰丽多彩，花纹精细高雅。我国织锦的品种繁多，其中最为著名的有云锦、蜀锦、宋锦和壮锦，合称"四大名锦"。

向黑怪，黑怪全身一哆嗦跑掉了。

这天，牧羊人就用桑树枝做了几支弓箭。待黑怪又来的时候，牧羊人用这桑木箭射中黑怪，黑怪负伤逃走了。

牧羊人的妻子被黑怪抓走后，小女孩非常想念母亲，常常站在桑树边掉泪。一次，小女孩的泪珠落在桑叶上，滚来滚去变成了蚕。不久，蚕吐出丝来，小女孩用蚕丝织了一块锦。

第二年，黑怪又来了，它作起妖法，让沙石砸向牧羊人的桑树、房屋、果木。它还用嘴喷火，想烧毁桑木。牧羊人用桑木箭射中了黑怪的胸部，黑怪又逃走了。

牧羊人带上弓和箭骑马追赶，马飞了起来；女孩儿带着狗坐在蚕丝编织的锦上，锦飞了起来；公鸡长鸣一声，也飞了起来。

飞过几座山，只见黑怪进入一个山洞。牧羊人追进洞内，连射几箭，黑怪倒地身亡。女儿跟着找到了被锁在笼子里的妈妈。牧羊人全家团圆后，他们种桑、养蚕、放羊、织锦，日子过得十分甜美。

我国古代人民有在房前屋后栽种桑树和梓树的传统，因此常以"桑梓"代表故土、家乡。古时桑树还寄托了人们对

■ 桑树园

美好生活的向往。如孟子曾道：

> 五亩之宅，树之以桑，五十者可衣帛矣。

夏津县地处山东省西部平原、鲁冀两省交界处，历史悠久。夏津黄河故道国家森林公园即为老黄河之遗迹，公园南北长18千米，东西宽7千米，面积126平方千米。

■ 桑树园梯田

黄河故道国家森林公园，是2000多年前古黄河的遗迹。公元前602年，黄河在河南商胡埽决口，滔滔河水裹挟着滚滚泥沙流经今夏津境内。

春秋战国时，为赵、齐等诸侯国会盟的关隘要津，夏津的名字也缘于此。公元11年，黄河改道留下这片狭长荒芜的沙滩地。

为防风固沙，当地百姓广植果树。清康熙13年，在朝遭贬的朱国祥就任夏津知县，晓谕百姓"多种果木，庶可免灾而裕才用"，此后历经几百年的封沙造林，至清朝中期已是林海茫茫、果木成片。

黄河故道国家森林公园微地貌类型复杂，岗丘密布，其间沙丘绵亘，树木茂盛，为平原地区少见。连绵起伏，长达5千米。当地有"攀树可行二十里"之说。新河道与旧河道相互交织，常现霁色重重、晴光叠叠之景象。

诸侯国 源自分封制，最早可以追溯到西周时期。当时土地和连同人民，分别被授予王族、功臣和贵族，让他们建立自己的领地，拱卫王室。诸侯国封国的面积大小不一，封国国君的爵位也有高低。诸侯必须服从周王室，保卫王室。在春秋战国时期，诸侯国则指与中原朝廷对抗的军阀割据势力。

桑树园

黄河故道国家森林公园内林木资源丰富，古树分布较广，古树林立在连绵不断的原始沙丘上，或群或孤、形态各异、生机焕然，是我国最大最古老的人工园林，有"北方落叶果木博物馆"之美誉。

园内拥有全国最大的古桑树群，相传，明永乐年间，桑田超千亩，养蚕极盛。其中，颐寿园古桑树群形成于1392年，树龄逾600年。300年以上的古桑树有400多棵。

这里有著名的腾龙桑和卧龙桑。这两棵古桑树一高一矮，一壮一弱，那棵粗壮雄奇的就是腾龙桑；那棵矮小瘦弱的就是卧龙桑。这高大与矮小，强大与瘦弱，相映相衬，对比鲜明，相映成趣。

阅读链接

在火焰山南麓的鲁克沁绿洲深处，有一棵古老而粗大的桑树，约有300余年的历史。这棵树苍劲挺拔，树干粗壮，枝繁叶茂。

据传在清康熙年间，喀什噶尔的赛义德阿帕和卓一行到北京朝贡返回经过这里时，正值炎夏，便驻足于这个溪水环绕、绿树成荫的村落。赛义德阿帕和卓拖着疲倦的身子到水边阴凉处，将自己的拐杖插在河边，然后把头上的缠巾取下来挂在拐杖上，自己便躺下身来呼噜呼噜地进入了梦乡。

待他一觉醒来，已是黄昏时分。他惊讶地定睛一看，他的拐杖变成一棵大桑树，树冠恰似一条缠巾。从那时起，人们就把这棵大桑树叫作"戴斯塔居介木"，汉语意为缠巾桑树。

绿色宝地——吴家山榉树林

在安徽广德小南乡同溪有座坞石山,山下有个小山村名叫坞石村,旧时却是名声在外,非常热闹,因坞石山有古庙数座,小山村有在朝廷做大官的,坞石山横跨皖浙两省,千余年来,香火十分旺盛。

山毛榉树林

坞石村有古树十来棵，其中村后一棵榉树最大、最古。树高30多米，胸围也有3米多。树冠能覆半亩地。远观伟岸雄壮，风姿绰约。

这棵古树还有一个民间传说呢。很久以前，在坞石山建大庙的木工、瓦工、石工大多都住在坞石村。他们都是鸡鸣上山，日落下山，中午在庙里吃斋饭，坞石村工匠都以勤劳朴实、技艺精巧而远近闻名。他们世世代代在坞石山庙中做工。

有一天，村上来了一位老太太，鹤发童颜，手上拄一个精美拐杖。天将晚，她径直走进一户邬姓人家。邬家主人邬实诚已40出头，是个石匠工头，在庙里做工，常在庙里留宿。妻子叫胡尘，30多岁，生得眉清目秀、和颜善面。石匠老母70岁，身体还硬朗，老伴已病故多年。

百年榉树

邬实诚膝下无子，老母望孙心切，常常说儿媳不生子。胡尘有口难言，并没反讥，却对婆母敬重有加。

老太太走进实诚家，与实诚老妈说："我想去坞石山大庙进香，天色已晚，想在你家住一宿，明早日出前上庙，不知能行个方便不？"

邬家老妈也是个信佛之人，笑脸相迎道："不妨，只要不嫌家贫屋脏，反正明天二月初九我也要到庙里进香，不如我们二人结伴，还有个照应。"

借宿老太太满心欢喜就住在邬家。邬家儿媳也非常细心地安排她的食宿。

第二天，天还没有亮，胡尘就烧好早餐，喊两位老人起床吃早饭好上路。两位老人洗毕吃过早饭，正要上路，哪知胡尘婆母肚急，去不了庙上了。借宿老太太讲，那我就一人上庙。

胡尘望着婆母说："妈，去庙里有好几里路，山路还不好走，天又黑，还是我送老人上庙吧。顺便我再带个扁担把实诚的衣被挑回来洗洗。"

婆母正想着此事，也就应允了。

老太太拄着她心爱的拐杖，胡尘搀扶着她，沿山边小路走着，因天黑山路又不平，老太太不慎崴了脚，走不成路，又疼痛难忍，胡尘见状，对老太太说："老人家，我们就不去了吧！"

老太太马上把脸一沉说："你这孩子，好不懂事，进香拜佛哪能不心诚，你要不去，你回去，我爬也要爬去。"

胡尘说："老人家您别介意，我是怕您老偌大岁数，受不了。"

■ 榉树的虬枝

进香 在我国的佛教中，把烧香称为进香。佛教里，继承香火，绍隆佛种意义重大。所以，烧香供养祈求佛法代代相传，出家学道继承正法越来越兴。供佛进香是对诸佛菩萨、天众、贤圣的重要供养方式。

■ 百年榉树

白绫 白色的绫罗，质地轻薄、柔软，是我国传统丝织物的一种，在汉代以前就有了。最早的绫表面呈现叠山形斜路，因"望之如冰凌之理"而故名。绫有花素之分。传统花绫一般是斜纹组织为地，上面起单层的暗光织物。唐代的官员们都用作官服。从宋代开始将绫用于装裱书画，也用于服装。

老太太没搭理。胡尘接着说："老人家一定要去，我背您上庙。"

老太太不信地说："你能行？几里山路，天又黑，你背得动我呀！"

胡尘说："老人家，您放心，这条山路我经常走，我还有力气，保证背您上庙。"

老太太也不客气地说："那就辛苦你了。"

胡尘放下扁担，背起老太太朝庙上走去。天快要亮了，胡尘终于把老太太背进大庙山门，轻轻放下老太，说："我们到了，整衣进庙吧！"

老太太突然叫道："哎哟，香烛篮是带着了，可我心爱的拐杖丢在崴脚时的路上了。"

胡尘说："一个拐杖丢了，我在山上再为您找一根就是了。"

老太太把脸又一沉，说："我是一刻都离不开这根拐杖，它是我儿媳花了很多银子特地为我置办的，儿媳正病重在家，我特地大老远带着拐杖来为她还愿的，你看这如何是好。"老太太非常不安地要落泪。

胡尘毫不犹豫地说："老人家，您老先进香，在庙里等我，我回去为您取来，再说我婆母一人在家也不知肚急好了没有,我也有点不放心。"

老太太点点头,"那好,你可要早点来呀!"

胡尘安顿好老太太,急匆匆返回老太太崴脚的地方,找那根拐杖。哪知拐杖立在路旁,怎么也拔不动,拐杖上也逐渐长出枝叶,再看自己的扁担也立在旁边,上面也长出枝叶来了。

胡尘正在纳闷,从天上飘下一段白绫,上书:

坞石村里误时辰,邬家儿媳背老人。
敬老心善终有报,拐杖成茵佐儿孙。

南海观世音

胡尘看后,快速回家看婆母肚急已愈,原来是观

> **进士** 科举考试时代殿试考取的人。及第指科举考试应试中选。科举殿试时录取分为三甲:一甲三名,赐"进士及第"的称号,第一名称状元,又称鼎元,第二名称榜眼,第三名称探花;二甲若干名,赐"进士出身"的称号;三甲若干名,赐"同进士出身"的称号。通俗地讲,考中一、二、三甲都可以叫进士及第。

■ 百年榉树

世音点化的。事隔数年，邬家子孙满堂，老婆母也活至100多岁。子孙都天姿聪慧，一家考取几个进士、秀才，大多在朝廷做官。

后来，邬家举家迁往京城。明清时，邬家还有人来拜树进香。后来，人们把这棵由神仙的拐杖长成的参天古榉树和旁边的一棵由胡尘的扁担长成的三尖杉树，称为榉树。

榉树，又名大叶榉，别名有血榉、金丝榔、沙榔树、毛脉榉等，落叶乔木树种。树高达30米，直径可达1.5米。树冠倒卵状伞形。榉树幼枝有白柔毛。树皮棕褐色，平滑，不开裂，老树皮呈薄片状脱落。榉木纹理层层叠叠，比榆木更丰富，苏州工匠称其为"宝塔纹"。

叶厚纸质，卵形、椭圆状卵形或卵状披针形，单叶互生，长2厘米至10厘米，宽1.5厘米至4厘米。先端尖或渐尖，边缘有钝锯齿，侧脉7对至15对。叶表面微粗糙，背面淡绿色，无毛。叶秋季变色，有黄色系和红色系两个品系。

花单性同株，少杂性。雄花簇生于新枝下部叶腋或苞腋，雌花单生于枝上部叶腋。核果较小，上部歪斜，果皮有皱纹，直径2.5毫米至4毫米，几无柄。花期4月，果熟期10月至11月。

我国原始森林

榉树产淮河及秦岭以南，长江中下游至华南、西南各省区。垂直分布多在海拔500米以下之山地、平原，在云南可达海拔1千米。西南、华北、华东、华中、华南等地区均有栽培。

榉树为阳性树种，喜光略

耐阴，喜暖和天气。适生于深挚、肥饶、潮湿的泥土，对泥土的适应性强，酸性、中性、碱性土及轻度盐碱土均可生长。但是忌积水，不耐干旱和瘠薄。

榉树具深根性，侧根广展，抗风力强。幼时生长慢，六七年后渐快。耐烟尘，抗污染，寿命长，播种繁殖。种子发芽率较低，净水浸种有利于发芽。

■ 我国原始森林

榉树在我国分布广泛，生长较快，材质优良，是贵重的硬阔叶树种。

榉树树冠广阔，树形优美，叶色季相变化丰富，病虫害少，是重要的园林风景树种。榉树树冠整齐，叶形秀丽，入秋后叶色红艳可爱，是观赏秋叶的优良树种。

幼龄榉树若进行疏枝修剪定型，树型似团团云朵，甚是美观。植于水边、池畔、坡谷、草坪都很适合，若与亭廊、花墙、山石等相配，也甚协调。

榉树苗木在园林绿化中可栽作护堤树、庭荫树及行道树。榉树主干截干后形成大量侧枝制作成盆景，将其脱盆或连盆种植于园林中或与假山、景石搭配，均具有很高的观赏价值。

榉树的适应性较强，抗风力强，耐烟尘，是城乡

秦岭 横贯于我国中部的东西走向山脉。西起甘肃南部，经陕西南部到湖北、河南西部，长约1500千米。为黄河支流渭河与长江支流嘉陵江、汉水的分水岭。北侧是肥沃的关中平原，南侧是狭窄的汉水谷地，是褶皱断块山。秦岭—淮河一线是我国地理上最重要的南北分界线，秦岭还被尊为"华夏文明的龙脉"。

原始森林大树

绿化和营造防风林的好树种。榉树为特种贵重用材树种,以其木材纹理细,质坚,材色鲜艳,弧面上花纹锦绣,油漆效果优良,耐水湿,用途广等成为市场上长期紧俏的材料。

榉树茎皮纤维可制人造棉和绳索。榉树树皮、叶可入药,清热安胎。主治感冒,头痛,肠胃实热,痢疾,妊娠腹痛,全身水肿,小儿血痢,急性结膜炎。叶可治疗疮。

在我国园林中,花木不仅对园林山水建筑起衬托作用,还蕴涵着深厚的文化积淀。榉同"举"谐音,因此,榉树象征高官厚禄。

古人也常常将其栽植于房前屋后,取"中举"之意。在我国古典园林中,其常与朴树同栽,寓意"前赴后继"。

榉树抗风雨,用其郁郁的树叶提供大面积绿荫,自古以来受到人们的喜爱,被誉为代表忍耐、宽容、和平、和睦之树。

榉树适应性较广,在酸、碱、中性的土壤中均可生长。而且榉树为非速生种,寿命较长,可达千年。而且榉树叶缘锯齿大小形状一致,恰似一颗颗排列整齐的"寿桃"。长寿树种很多,但叶缘如此独特的并不多见。因此，榉树还有健康长寿之意。

在很多地区，榉树被奉为神树，赋予神秘色彩。榉树的树枝粗、寿命长，因此人们拿它来做亭子树供人休息，或作为守护村落的堂山树木而受到人们的保护。

榉树属在亚洲有6种，我国产4种，属国家二级重点保护野生植物。目前尚未发现榉树有严重的病害，虫害已发现20多种。有关部门应结合抚育、除萌、修枝等工作，检查危害部位，及时逐棵戮杀。

榉树移植之前要尽量带土移植，而且必须要保持在萌芽前，不要等叶子长出来之后才移植。对榉树修剪的时候必须裁掉部分细小树枝，但是保留粗大枝干。关于后期的管理，就是要及时浇透水，适当的用遮阳网适当遮阴。

吴家山国家森林公园位于鄂东北英山县境内北部、大别山南麓。其以山岳地貌、原始森林、河谷景观为主要特征，汇"峰、林、潭、瀑"于一地，集宗教文化、民俗风情、历史人文景观、农艺景观于一体，融古朴、奇险、秀丽、神奥于一身。

吴家山是大别山区保存完好的一块绿色宝地，由于其地处亚热带向暖温带过渡地带的北部，植被组成明显地反映了过渡地带的特征。

原始森林如画卷

现有野生植物149科526属1105种，野生动物344种，其中国家级和省级保护动植物达100余种，被世人誉为"物种基因库"和"绿色宝地"。

森林公园内有我国珍贵的榉树林。当灰蒙蒙、阴沉沉的冬季刚刚过去，五彩斑斓的春天的色彩就露面了。正在绽出新芽的榉树林里笼罩着粉红色的光芒。随着春去夏来，绿色也越来越翠，越来越浓。当秋天来临，榉树开始燃起新的色彩，明朗而温暖。

秋天的榉树林，就好像变幻莫测的万花筒，几乎是一天一个样，头一天刚刚走过看过，第二天再去爬山时，看到的又是另一番景色。那随处可见的红叶，就像跳动的火焰一般，把大别山点染得色彩斑斓。

阅读链接

在我国浙江泗安镇长中村，也有一棵古榉树，已有300多年的树龄。树干während直，树叶浓密，树高20多米，胸围3.57米，平均冠幅15米。它就像一个忠实的卫士，守护在村口，守护着这里的人们。

传说，曾有一个叫胡树松的人听说用榉树枝烧饭特别香，便拿着锯子去锯树枝，哪知锯到一半就顿感心神恍惚、头晕目眩，手脚无力，便放弃锯枝。回家后卧床3天才勉强起身。

传说虽说是当不得真的，但村民们觉得榉树不是平凡的树，而是一棵灵性之树。因此逢年过节之时，常会赶到树前进行祈福，由此保护榉树的热情也更加高涨。如今，榉树不仅成了村里的"风水树"，也成了村民们心中的"和谐树""幸福树"。

天然园林——大孤山皂角林

相传很久以前,在安徽滁州南谯区西部原常山乡境内东边的李集乡郝李村住着一个穷苦的少年叫郝柱,自幼父母双亡,是瞎眼的奶奶一把屎一把尿地把他拉扯大的。

郝柱13岁那年,年事已高、生活清苦而又疾病缠身的奶奶终于撒手人寰,丢下了郝柱这么一个家徒四壁的孤儿。

皂角子

■ 皂角古树

无依无靠的郝柱在同样穷苦的好心乡邻介绍下，沿着西乡古道，翻山越岭来到郭家坂子的郭财主家扛长工。郝柱同其他长工们一样，白天上山砍柴、下河摸鱼，晚上就着油灯还要给财主家编柳筐、打草鞋，什么苦活都干，什么脏活都做。数易寒暑，郝柱成了郭财主家的顶梁柱。当初形同枯槁的少年也渐渐锻炼结实，长成了英俊的青年。

由于郝柱心地善良，人又勤快，劳动中能够照顾年纪大的长工，渐渐地博得了长工们的好感，大家都亲切到称呼他为郝郎。渐渐地，郝郎被美丽、聪慧、善良的郭家大小姐看上了。

这郭家小姐，是郭老财主唯一的掌上明珠，自幼识文断字、知书达理。虽身处优越，却心地善良，对下面的长工们怀有同情之心。

郭小姐与郝郎是同龄人，郝郎的好，郭小姐看在眼里，喜在心上。渐渐地，郭小姐打破世俗观念，对郝郎心生爱慕之情。

一心想攀富结贵、财迷心窍的郭老财主，决定要将小女许配给不学无术，长相丑陋的县太爷的二公子。郭小姐誓死不从，言明非郝郎不嫁！

绣楼 民居中的特殊建筑，是古代女子专门做女红的地方，结构严谨而精致，格调高雅而严肃，建筑别致，玲珑典雅。在家规较严的富贵人家里，女孩出嫁前，都在绣楼上读史书、做女红。绣楼是女孩子学习技能、创造工艺品或休闲的场所。

气急败坏的郭老财主一怒之下,赶走了勤劳忠厚的郝郎,并将小姐锁入了绣楼之中。从此以后,郭小姐茶不思饭不想,一心想着心上人郝郎!

郝郎离开郭家后,找到儿时的同乡伙伴一道在集上经营打铁生意。凭着吃苦耐劳、手艺精湛、人缘广泛,生意日渐红火。郝郎很想多攒些钱,能够带着心爱的人儿远走他乡,过着平安充实的生活。

可是,狠心的郭财主硬是要拆散这对有情人。一天天,一遍遍枯燥单调而又铿锵有力的打铁声,传达着郝郎对郭财主的怨恨。

终于有一天,一个晴天霹雳的消息传到了郝郎的耳中:在一个风和日丽、良辰吉日的上午,长相丑陋公子哥的迎亲花轿吹吹打打地抬到了郭家坂子。

此时,绣楼上的郭小姐已然哭成了泪人,心中的郝郎不知现在何方?想到将要面对的那个丑八怪二公子,小姐痛不欲生!既然生做不成你的人,那我就死做你的鬼!

震天鞭炮,阵阵欢笑,一番热闹!看到将要路过村头那口郝郎天天都去汲水的古井,万念俱灰的郭小姐奋然跃下,纵身跳入井中!

顿时天色大变,电闪雷鸣,大雨倾盆而下!墨黑的长空划过几道耀眼的闪电,伴随着劈开了郭家门前那棵大朴树

■ 挺拔茂盛的皂角树

的巨大而刺耳的炸雷声，一切皆归于寂静……

郝郎听到这个噩耗，扔掉了正在打铁的铁锤，狂奔数十里，扑通一声跪倒在古井边，哭成了泪人。井边的石栏都被他坚强有力的铁拳打开了几道裂缝。郝郎设帐在井边守了七七四十九天之后，看破红尘的他毅然决然地投奔到村北的破庙里出家穿上了袈裟，日夜念叨着他那无人能听懂的经……

3年后，古井旁长出了一棵亭亭玉立、枝叶婆娑、铃角青翠的叫不出名字的树！村民们说，你看它伫立井旁，翘首北望，是不是像刚刚梳妆打扮过的郭小姐，戴着精美的首饰青翠的皂角，迎着清凉的北风窸窣作响，不停地在呼唤着心爱的郝郎……

这棵树，就是郭小姐的化身！因为这棵树上面挂着像皂角的果实，为此，人们便称它为"皂角树"。

再说郝郎虽已出家，可对郭小姐仍朝思暮想，眷顾之心一时仍无法消弭。郭小姐香消玉殒3年之后，在一个清风朗月的夜晚，郝郎独自一人夜行数十里，挖来这棵珍贵的皂角树，连夜往返亲手植于井旁，寄托着郝郎对郭小姐无尽的思念，也借此了断他的尘世之缘。

红尘 在古代时的原意是指繁华的都市。热闹喧嚣的人流和车马过后扬起的尘土，从四方合拢，充满全城，演变成了"繁闹尘市"。佛家、道教所指的红尘是指人世间、纷纷攘攘的世俗生活。看破红尘就是受到道家影响，从烟云似的繁华生活隐退到自由、简朴、自然的林野或田园生活环境中。

日复一日，年复一年，郝郎与郭小姐的爱情悲剧传遍了方圆百里，感动了无数善男信女。每逢七夕之夜，善男信女们都要来到郝郎的庙里和皂角树前烧香祈福，恳请上苍能圆天下有情人终成眷属之梦！

皂角树，又名皂荚，落叶乔木或小乔木。树高达15米至30米，树干皮灰黑色，浅纵裂。树干及枝条常具刺，刺圆锥状多分枝，粗而硬直，长达16厘米。小枝灰绿色，皮孔显著，冬芽常叠生。

皂荚的叶为一回偶数羽状复叶，有互生小叶3对至7对。小叶薄革质，卵状披针形至长圆形，长2厘米至8.5厘米，宽1厘米至4厘米。前端急尖或渐尖，顶端圆钝，具小尖头，基部圆形或楔形，有时稍歪斜，边缘具细锯齿，上面被短柔毛，下面中脉上稍被柔毛；网脉明显，在两面凸起；小叶柄长一二毫米，被短柔毛。

> **袈裟** 缠缚于僧众身上最重要的法衣。又叫"袈裟野""迦罗沙曳""坏色衣""染污衣"。传说，袈裟是由阿难尊者奉佛指点，模拟水田的阡陌形状缝制而成，像一块块的田。世田种粮，以养身命。所以又叫田相衣、福田衣、慈悲服、无上衣、离尘服、解脱服等。

■ 枝繁叶茂的皂角树

皂荚花期3月至5月，其花杂性，组成总状花序，花序腋生或顶生，长5厘米至14厘米，被短柔毛。花梗密被绒毛，花萼钟状被绒毛，花黄白色，萼瓣均4数。

皂荚雌雄异株，雌树结荚能力强，果熟9月至10月。荚果平直肥厚，带状像镰刀一样，长12厘米至37厘米，宽2厘米至4厘米，劲直或扭曲，果肉稍厚，两面鼓起，熟时表面深紫棕色至黑棕色，被灰色粉霜。其种子所在处隆起，基部渐狭而略弯，有短果柄或果柄痕，两侧还有明显的纵棱线。

皂荚为我国特有的苏木科皂荚属树种之一，原产于长江流域，分布极广，我国北部至南部及西南均有分布。其多生于平原、山谷及丘陵地区。但在温暖地区可分布在海拔1600米处。

皂荚性喜光而稍耐阴，喜温暖湿润的气候及深厚肥沃适当湿润的土壤，但对土壤要求不严，在石灰质及盐碱甚至黏土或沙土均能正常生长。

皂荚的生长速度慢但寿命很长，可达六七百年。皂荚需要6年至8

百年皂角树

■ 皂角树的虬枝

年的营养生长才能开花结果，但是其结实期可长达数百年。

皂荚冠大荫浓，花型好看，极少有病虫害，寿命较长，非常适宜作庭荫树及四旁绿化树种。此外，皂荚还具有很高的经济价值和药用价值。

皂荚果是医药食品、保健品、化妆品及洗涤用品的天然原料。皂荚种子榨油可作润滑剂及制肥皂，药用有治癣及通便之功效。皂刺及荚果均可药用；叶、荚煮水还可杀红蜘蛛。

皂荚木材坚硬，肉质细腻，耐腐耐磨，但易开裂，而且新伐材有很浓郁的气味，因此只可以做家具、建筑中的柱与桩、器物上的把与柄等。

自古以来，有关皂角树的神奇传说有很多。在晚清重臣曾国藩的出生地白玉堂的右前方，有一棵古老的皂角树，老树上有一根像巨蟒一样的紫藤，当地百

曾国藩（1811年—1872年），初名子城，字伯涵，号涤生，谥文正。湘军的创立者和统帅者。清朝战略家、理学家、政治家、书法家、文学家，晚清散文"湘乡派"创立人。晚清"中兴四大名臣"之一，官至两江总督、直隶总督、武英殿大学士，封一等毅勇侯，谥曰文正。

■ 皂荚树

獐岛 地处辽宁丹东东港市北井子镇西南部,是一个四面环海的海岛渔村,陆域面积800平方米,是我国万里海岸线最东端起点第一岛,也是我国北方海岛旅游的主要景区之一。这里具有得天独厚的地理位置优势和自然风光。獐岛之上山青崖峻,特有的合欢树遍及全岛。

姓称之为"蟒蛇藤",并有曾国藩系"蟒蛇投胎"的传说。

当曾国藩的湘军攻破南京后、官至极品时,老树紫藤发新枝又放奇葩,迎风摇曳,扬扬得意。曾国藩死后,这根老树紫藤也枯萎而死。紫藤荣,树亦荣;紫藤枯,树亦枯。

曾国藩去世后,紫藤枯死,古皂荚也一直"一蹶不振"。每次家里人看到皂角树及紫腾树叶枯黄,就知道曾国藩处境不顺,或者有大难。每每十分灵验,所以曾家对皂角树倍加爱护。

而且在民间,有很多地方的人办喜事时,都要摘下皂荚,把两个皂荚用红线绑在一起,放在新人的洞房里,寓意"早生贵子"。

在我国很多地方都有老树、古树,但大多是古槐树、古榆树，古皂角树并不多见。这些经历百年、几百年才生长起来的老树、古树，有着难以再生和不可替代的文化与生态价值。

我们应加强宣传保护古树的力度，增强人们的保护意识。在城市建设过程中，加强对包括皂角树在内的名木古树的保护。

大孤山国家森林公园，位于辽宁省东港西南部，黄海北岸，地处东港、庄河两市交界地带。其以古老小城大孤山镇为依托。与大鹿岛、獐岛、小岛隔海相望，融山景、林景、海景为一体，面积为460多平方千米。

大孤山是由火成岩构成，系长白山山脉和千山山脉的延伸，由于地壳变迁和千百万年的风剥雨蚀，呈现出今天奇峰深壑、怪石峻峭的奇丽景观。

因其耸立在滨海的平阔大野之上，显得格外高大，从而得名大孤山；因为两峰并立，形如骆驼双峰，又名骆驼山。

鹅耳枥 为桦木科乔木植物，稍耐阴，喜肥沃湿润土壤，也耐干旱瘠薄。属于鹅耳枥属。该属植物全世界约有40余种，我国约30种。其中有些种类木质坚硬，纹理致密美观，可制作家具、小工具及农具等。鹅耳枥种子可榨油，供食用以及工业用。

■ 皂荚树

大孤山国家森林公园属温带季风性气候。公园树种有松、柏、槐、杨、栎、柞、枫、柳、榆、皂角、连翘、鹅耳枥、法桐、牡丹、樱花、丁香、迎春、木槿、玫瑰、杜鹃、桃花、京桃、杏花、合欢等33科55属百余种,堪称"天然植物园"。

大孤山国家森林公园内300多年以上的参天古木星罗棋布,构成了层次分明,千姿百态,互相交错的森林景观。其古树之古令人称奇,有槐树300岁,有古柏800载。当然,还有高大的皂角树。

皂角树一到春天就开花,花香扑鼻,花团锦簇。每个枝上花儿浓密地挨在一起,一簇一簇地长于枝顶,远看像木棉花,树根苍劲有力。

每一簇花都像一个红色爱心型,感觉很特别。它虽不如木棉花令人惊艳,或清高脱俗,但却让人心中涌出一股暖流,满满的全都是幸福。花儿有绿叶相绕、相伴,就如一对才子佳人。她的红,他的绿,他们在风中摇曳起舞,水乳交融。

皂角树长得非常茂盛,每一棵都像撑开的一把巨伞。主干很粗,要三四个小孩儿手拉着手才能抱住。树干弯弯曲曲地伸向蓝天。皂角树的树皮很老,斑斑驳驳,像寿星脸上的皱纹。

树上结满了皂荚果,外观跟四季豆差不多。微风吹来,皂荚果像

■ 百年皂角树

挂满果实的皂角树

一个个小娃娃在荡秋千。深秋的皂角树叶变成金黄色,皂荚果也完全成熟了。

阅读链接

相传,在很久以前,有一农家少女,长得如花似玉,被父母视为掌上明珠。不料,有一天,少女在野外打柴,被村外一恶少撞见,这恶少仗势欺人,方圆数村内坏事做绝。见少女这等美貌,顿起淫心,强行奸污。少女愧失贞操,自觉无颜,遂在一棵大皂角树上自缢身亡。

其父母痛不欲生,泪水也哭干了,嗓子也叫哑了,他们盼望爱女起死回生。忽然,有位白发老翁飘然而至,说道:"老翁自有还魂之术,请用皂角末吹入少女鼻孔,方能起死回生!"

其父泪眼抬望,顿觉老翁悄然融入皂角树,始知树神显灵,爱女有救了。

于是,他依照树神之言,摘下皂角,碾成粉末,轻轻吹入爱女鼻孔。俄而,姑娘鼻孔微动,接着猛然一声喷嚏,便渐渐苏醒过来。从此,人们便把皂角当作灵丹妙药。

大叶梧桐——乌苏里江梓树

汉代时,大司马王莽想当皇帝,但皇位是刘家的,王莽听算命瞎子说刘家有个叫刘秀的男孩子,是天上管星宿的神仙下凡,非常厉害。王莽就想乘刘秀还是个孩子时,把刘秀杀死。

梓树林

■ 梓树花

这个消息传到刘秀的耳朵后,刘秀就跑到山里当了放牛娃。

王莽追刘秀,追啊追,追了七七四十九天,从枣阳一直追到南漳,沿途全部是丘陵。在一个坡前,碰到一个放牛的老头儿。王莽问,看没看见一个放牛娃过去。

老头儿说,见过,已过万山。

王莽一听就泄气了,心想,这刘秀已经过了一万座山了,这说什么也追不上了,于是,收兵回营。刘秀终于逃过一劫。

后来,王莽又向旁人问路,才知道原来那座山的名字叫万山,这时,王莽把肠子都悔青了。于是,王莽又开始追刘秀。

王莽又在后头追呀追,刘秀又在前头逃呀逃,这

星宿 我国道教崇奉的星神。指"四象"和"二十八宿"。我国古代传说中镇守东南西北四个方位的神兽,也即四象,其顺序按东南西北:青龙、朱雀、白虎、玄武。道教对此天象加以拟人化,为之定姓名、服色和职掌,顶礼膜拜。

■ 木梓树

二十八宿 又名二十八舍或二十八星。我国古代天文学说之一，最初是我国古人为比较太阳、太阴、金、木、水、火、土的运动而选择的28个星官，作为观测时辰的标记。它把南中天的恒星分为28群，且其沿黄道或天球赤道所分布的一圈星宿，分为4组，每组各有7个星宿。

回追逃了九九八十一天。忽然，山路拐了一个大弯子，刘秀绕过那个弯子，一下子便不见了。

王莽在后面没有见到刘秀，恨不得搬石头砸天。

其实刘秀就藏在王莽脚底下秧田沟里的一大蓬马齿苋里。这时候，天上有几只老鹰在飞，老鹰眼睛尖，一下就看到刘秀了，老鹰们觉得自己有责任给王莽帮个忙，于是大叫："沟儿里，沟儿里！"

秧田沟旁边的田埂上长了一棵大梓树，树上落了一只老鸹。老鸹想帮助刘秀逃过一劫，便在树上大叫："胡说，胡说！"

老鹰和老鸹斗嘴斗得热闹，看热闹的木梓树忍不住了，一阵风吹过来，木梓树挺着身子"哗啦啦"地大笑，一不小心，把腰给闪了。一直到现在，世界上每一棵木梓树都歪歪扭扭，没有一棵是伸直的。

后来，刘秀长大后聚拢二十八宿打败王莽当了皇帝。因为老鹰曾经帮助过王莽，为此，刘秀非常憎恨老鹰，并惩罚它死无葬身之地；老鹰没有办法，临死前只好拼命地往天上飞，直到身体腐烂散架，才能入土。

老鸹、木梓树救驾有功，各奖银环一副，老鸹戴在脖子上，木梓树戴在果果上。

再后来，木梓果果还被刘秀带回皇宫做成蜡烛，说是专门晚上给皇帝陪驾；也可能是木梓树当年笑得太狠了，木梓果果蜡烛，一点燃就开始流泪，一辈子没干过。

木梓树，紫葳科，梓属。属于落叶乔木，高6米，最高可达15米。树冠伞形，主干通直平滑，呈暗灰色或者灰褐色，浅纵裂，嫩枝具稀疏柔毛。

圆锥花序顶生，长10厘米至18厘米，花序梗微被疏毛，长12厘米至28厘米；小苞片早落；花梗长3毫米至8毫米，疏生毛；花萼蕾时圆球形，2唇开裂，长6毫米至8毫米；花萼2裂，裂片广卵形，先端锐尖，花冠钟状，浅黄色，长约2厘米，二唇形，上唇2裂，长约5毫米，下唇3裂，中裂片长约9毫米，侧裂片长约6毫米，边缘波状，筒部内有2黄色条带及暗紫色斑点，长约2.5厘米，直径约2厘米。

蒴果线形，下垂，深褐

木梓树

木梓花

色,长20厘米至30厘米,粗5毫米至7毫米,冬季不落;叶对生或近于对生,有时轮生,阔卵形,长宽近相,长约25厘米,顶端渐尖,基部心形,全缘或浅波状,常3浅裂,叶片上面及下面均粗糙,微被柔毛或近于无毛,侧脉4对至6对,基部掌状脉5条至7条;叶柄长6厘米至18厘米。

种子长椭圆形,两端密生长柔毛,连毛长约3厘米,宽约3毫米,背部略隆起。能育雄蕊,花丝插生于花冠筒上,花药叉开;退化雄蕊。子房上位,棒状。花柱丝形,柱头两裂。

梓树产于我国长江流域及以北地区、东北南部、华北、西北、华中、西南。花期6月至7月,果期8月至10月。

梓树生于海拔500米至2500米的低山河谷,湿润土壤,野生者已不可见,多栽培于村庄附近及公路两旁。分布于长江流域及以北地区。

梓树喜光,稍耐阴,耐寒,适生于温带地区,在暖热气候下生长不良,深根性。喜深厚肥沃、湿润土壤,不耐干旱和瘠薄,能耐轻盐碱土。抗污染性较强。

梓树的抗污染能力强,生长较快,可利用边角隙地栽培。

梓树树体端正，冠幅开展，叶大荫浓，春夏黄花满树，秋冬荚果悬挂，好似满树挂着蒜薹一样，因此也叫蒜薹树，是具有一定观赏价值的树种。该种为速生树种，可作行道树、绿化树种。

梓树的嫩叶可食；根皮或树皮、果实、木材、树叶均可入药，能清热、解毒；种子亦入药，为利尿剂。木材白色稍软，可做家具，制琴底；叶或树皮亦可作农药，可杀稻螟、稻飞虱。

古时，皇帝称其皇后为"梓童"。有两种说法：

一种源自汉武帝时的故事，其中曾讲到卫子夫入宫，岁余不得见，涕泣请出。武帝则因夜梦"梓树"而幸卫子夫，从而得子，并立子夫为皇后。这或许就是帝称后为"梓童"的开始。

还有一种说法是皇帝的印章以玉雕成，称作"玉玺"；皇后的印章以梓木雕成，因此皇帝以"梓童"来称呼皇后。

古时，乡间多有梓树，故又引申为故乡的代称，梓里、桑梓。

相传皇帝的棺材就是用这种树的木料做成的，所以皇帝睡的棺材叫梓宫。

木梓果

梓树开花

梓树，北方人叫它臭梧桐。梓树以高大的风姿，淡黄素雅的梓花，令人赏心悦目。梓树树体端正，冠幅开展，叶大荫浓，春夏黄花挂满树，秋冬荚果悬挂。唐朝诗人章孝标诗云：

梓桐花幕碧云浮，天许文星寄上头。
武略剑峰环相府，诗情锦浪浴仙洲。
丁香风里飞笺草，邛竹烟中动酒钩。
自古名高闲不得，肯容王粲赋登楼。

在《诗经·小雅·小弁》曰："维桑与梓，心恭敬上。"这是说家乡的桑树和梓树是父母种的，对它要表示尊重，后人用来比喻故乡，将回归故乡称为"回归桑梓"。

乌苏里江国家森林公园位于我国黑龙江东部边陲，中俄界江——乌苏里江左岸。距虎林市65千米。公园总面积25000多平方千米。

乌苏里江国家森林公园园内主要有植物400余种，其中就有乌苏里梓树。在暖风送来了生机勃勃的春天，桃树和梨树在春风雨露的滋润下争芳斗艳，梓树却默默地矗立在那里，吐出了嫩绿新芽。光秃的枝条却在默默地孕育着生机，把那别具一格的小红芽送上枝头，装点晚春。

盛夏季节，骄阳无情地炙烤着大地。那些经受不住炎炎烈日考验的草木，一个个耷拉着脑袋，无精打采。梓树却昂然挺立，绿荫如盖。阵风吹来，枝摇叶舞，好像在招呼辛劳的人们到它的凉伞下歇息、乘凉。

深秋时节，一阵秋风吹过，梓树无私地献出了自己的一切。它把自己的叶子染成各种颜色来装点深秋：有深红的，有浅红的，有紫色的……它尽情地点缀着萧瑟的大地。

寒冬降临，北风呼啸，各种树木只剩下光秃秃的枝丫了。它们的果实早被人们采摘完毕。而梓树这时却忠实地捧起它那累累的果实，献给那些勤劳的人们。

阅读链接

在四川盐亭嫘祖故里，盐亭境内有一条江名"梓江"，汇集有弥江、湍江、榉溪支流，这些支流好似桑叶的叶脉，将整片桑叶连了一体。其水流湍急，势如一条蛟龙躺在嫘祖故里的大地上。人们称它是嫘祖故里的龙脉。

据《史记》记载："黄帝有25子，得姓者14人，其中11人没有姓。"

得姓者都系嫘祖元妃所生，没姓的是方雷氏、彤鱼氏、嫫母所生。按数字和地名排列，盐亭乡镇恰好有25条龙名。其中五龙、九龙两地共有14条龙，其余11条龙各分布在全县各地。

传说，五龙、九龙是黄帝有姓的龙子回母亲故乡的所居之地。其他11处是没姓的龙子回来时分居之所。盐亭是黄帝嫘祖的龙子们回乡省亲之地，故盐亭又名"桑梓"之地。

爱情红叶——西山黄栌林

很久以前,一位60多岁的禹晴老人和自己16岁的女儿串红就生活在香山脚下。父女俩相依为命,老人每天都要上山采药、采蘑菇换钱,维持家计。串红聪明懂事,爹爹上山采药时她就在家纺线织布。

西山黄栌林

■ 火红的黄栌叶

串红生来一双巧手,她在布上绣的花花草草活灵活现,就和真的一样。串红听别人说香山顶上有五朵彩云,她想把彩云织进布里,就央求爹爹带她去山顶看看,老人答应了。

第二天,父女俩早早起床,上了山。一路上,串红东看看、西瞅瞅,兴奋得不得了。快到山顶的时候串红渴得难受,老人望了望山顶说:"先忍一会儿吧,等我们爬到山顶,我去阴坡挖些'苦露儿'给你解渴。"

这时,香山上的一条蛇妖瞅见了串红,看到串红美貌出众,像个仙女一样,蛇妖顿生爱慕之心。忽然它听到串红说口渴,十分高兴,觉得机会来了。于是从头上摘下几颗红珠变成了一嘟噜红山杏,挂在了半山腰的山杏树上。

香山漫山遍野都是山杏树,一到夏天,山杏挂满枝头,果实累累。可这时早已是秋天了,山杏早熟过

香山 北京著名的森林公园。位于海淀西郊。其顶峰香炉峰的钟乳石,其形似香炉,因此称为香炉山,简称香山。金代皇帝曾在这里修建了大永安寺,所以又称甘露寺。寺旁建行宫,经历代扩建,到乾隆十年,也就是1745年定名为静宜园。主要景点有鬼见愁、玉华山庄、双清别墅等。

■ 美丽的黄栌红叶

了，怎么又长出一嘟噜红杏呀？串红发现后又惊又喜，喊父亲来看。老头也觉得奇怪，可他闻了闻，还真是晚杏，就递给女儿让她吃了解渴。

串红接过来，张开小嘴刚吃了一个，老头点燃了烟斗，那树枝上的红山杏被烟一熏，突然变成了蛇蛋，一个一个地掉了下来。

老人大惊失色，知道中了邪，拉着女儿就要走。可是只见女儿满脸通红，禹晴老人知道这是中了毒。忙从刚才采的药材里翻出甜甘草和解毒草药，递给串红让她放在嘴里嚼，然后，拉起女儿的手就跑。

可是没跑出多远，串红就倒下了。老人急坏了，把女儿放在一块平坦的大石头上，自己准备下山去找泉水和解毒药。可是又怕女儿被虫子咬，就取出自己的烟叶包，揉成烟末，围着女儿撒了一圈，就急忙下山去了。

蛇妖在大石头后面看见串红倒在地上，又见老头急匆匆地下山了，心里甭提多高兴了。它急忙扑过去，可是那股烟味呛得它差点断气，它根本就没法接近串红。

蛇妖恨得咬牙切齿，它围着串红转了几圈，顿时计上心来，连忙赶到山腰，变出一座九天玄女庙，自

甘草 别名"国老"，是一种常用的补益中草药。药用部位是根及根茎，气微，味甜而特殊。功能主治清热解毒，祛痰止咳、脘腹等。我国中医有一个说法，10张中药处方中，就有9张都使用甘草，因此，甘草有"十方九草"之美誉。宁夏盐池是"西正甘草"的主产区，面积大、储量多、品质好，被评为"甘草之乡"。

己变成了庙里的"九天玄女娘娘"。

老人跑着跑着,看见山下有座玄女庙,他这时也是"有病乱求医",已经忘了以前这里从来没有小庙,进了庙门就磕头:"九天玄女娘娘在上,我女儿中了毒,望九天玄女娘娘慈悲,快救我女儿一命!一定年年给您烧香,月月上供,天天磕头。"

蛇妖听了老人的话暗暗发笑,这一笑倒好,从娘娘嘴里吐出了蛇信子来。老人看见吓得掉头就往外跑,歹毒的蛇妖把门槛变成了山涧,老人就这样掉进了悬崖,惨死在山谷里。

天上的九天玄女娘娘看见了人间发生的这一切,蛇妖竟敢冒充自己在人间为非作歹,所以她命两个仙女去捉拿蛇妖。

然后自己带着几位仙女,驾着五彩祥云,来到串红躺着的石头旁,把仙露洒在串红的脸上,不一会儿串红就坐了起来。

她仿佛在梦中,看见自己被这么多人围着,还有

九天玄女 简称玄女,俗称九天娘娘、九天玄女娘娘。原为我国古代神话中的女神,后经道教增饰奉为女仙。传说她是一位法力无边的女神。因除暴安民有功,玉皇大帝才敕封她为九天玄女、九天圣母。她是一个正义之神,成为扶助英雄、铲恶除暴的应命女仙,故在道教神仙中的地位非常重要。

■ 茂盛的黄栌树

娘娘 我国古代对女性的一种尊称，有多种含义：一是对母亲的称呼；二是对皇后或皇妃的敬称；三是对祖母的称呼；四是对女神的俗称。在东南沿海一带，民间信奉女神，这些女神就称为娘娘，如陈氏娘娘、花粉娘娘等；五是对其他女性的一般称呼。

人在替自己擦去头上的汗。她发现不见了父亲，就向山谷里喊："爹爹！"山谷里也响起"爹爹——"的回声！

正在这时，两位仙女持剑押着一条大蛇请九天玄女娘娘发落，娘娘用手一指，只听见一声霹雳，大蛇被劈开一条裂缝，应声向东倒去，化作一座小山卧在山下。

串红看不见爹爹十分伤心，她边跑，边哭，边喊："爹爹！"她哭啊，哭啊，爹爹怎么也不应声。她跑了一沟又一沟，过了一山又一山，她的嗓子哭哑了，嘴里吐出了鲜血；眼泪流干了，化作颗颗红珠，撒落在山坡上变成了"欧梨"。

她终于在山谷里找到了已经死去的父亲，她哭啊，哭啊，最后哭死在父亲的身边。她的哭声感动了

■ 旷野中的黄栌红叶

深秋中的黄栌叶

九天玄女娘娘,于是娘娘将父女俩的魂魄收回天宫。

从这以后,在串红哭过的地方,无数的黄栌树像雨后春笋一样冒了出来。每当秋天来临的时候,整个香山漫山遍野全是红叶,像少女的红丝巾一样把香山打扮得格外漂亮。

人们都说,黄栌树那鲜红的叶片是串红一口口的鲜血染成的,因为她口里嚼过药材,所以至今那红叶还有一股药的香味呢!

黄栌,又名毛黄栌、红叶树、烟树,落叶灌木或乔木,高3米至5米。其树冠圆形或伞形,小枝紫褐色有白粉。树汁有强烈的气味。

黄栌单叶互生,其叶倒卵形或宽卵圆形,长3厘米至8厘米,宽2.5厘米至6厘米。叶先端圆形或微凸,基部圆形或阔楔形,全缘,两面或尤其叶背显著被灰色柔毛,侧脉6对至11对,先端常叉开。

黄栌花期为4月至5月,果熟期为6月至7月。其圆锥花序顶生,被柔毛。花单性与两性共存而同棵,花瓣黄色。花梗长7毫米至10毫米,花萼无毛,裂片卵状三角形,长约1.2毫米,宽约0.8毫米。

黄栌树叶

黄栌树的花瓣呈卵形或卵状披针形,长2毫米至2.5毫米,宽约1毫米,无毛。它的雄蕊,长约1.5毫米,花药卵形,与花丝等长,花盘5裂,紫褐色。

其子房近球形,径约0.5毫米,花柱3,分离。不等长果序长5厘米至20厘米,有多数不育花的紫绿色羽毛状细长花梗宿存。核果肾形,径3毫米至4毫米。

黄栌树冠浑圆,树姿非常优美,它的茎、叶、果都有较高的观赏价值。

夏初黄栌开花后,其不育花的淡紫色羽毛状的花梗也非常漂亮。其簇生于枝梢,似云似雾,并且能在树梢宿存很久。成片栽植时,远望宛如万缕罗纱缭绕树间,故黄栌树又有"烟树"的美誉。

黄栌的叶秋后经霜变红,色彩鲜艳、美丽壮观。山上千树万树的红叶,愈到深秋,愈加红艳,放眼望去,漫山红彤彤的一片,像是从天而降的晚霞。其果形也很别致,成熟的果实颜色鲜红、艳丽夺目。

黄栌产于我国华北、浙江、山东、湖北、四川、陕西等省区,多生长于海拔600米至1500米的向阳山林中。

黄栌性喜阳光，能耐半荫。黄栌树也耐旱、耐寒、耐盐碱、耐瘠薄，但不耐水湿。其在深厚、肥沃而排水良好的沙壤土生长最好，常植于山坡上或常绿树丛前。

黄栌树的根系非常发达，但须根较少。秋季当昼夜温差大于10℃时，叶色变红。其生长迅速，萌蘖性强，对二氧化硫有较强抗性，可作为抗污染树种。黄栌的繁殖以播种扦插为主，也可用压条、分棵法繁殖。

黄栌叶子秋季变红，深秋时满树通红、艳丽无比，北京著名的西郊香山红叶即为本种。黄栌不仅是我国北方秋季重要的观赏红叶树种，也是良好的造林树种。

黄栌在园林造景中最适合城市大型公园、天然公园、半山坡上、山地风景区内群植成林，可以单纯成林，也可与其他红叶或黄叶树种混交成林。黄栌在造景中，宜表现群体景观。

黄栌夏季可赏紫烟，秋季能观红叶，极大地丰富了园林景观的色

山地黄栌树

龙袍 古代皇帝参加庆典活动时穿着的礼服。上面绣着龙形图纹的袍服，故又称龙衮。龙袍上的龙数一般为9条，间以五色云彩。前后身各3条，左右肩各1条，襟里藏1条，于是正背各显5条，吻合帝位"九五之尊"。清代龙袍还绣"水脚"，即下摆等部位有水浪山石图案，隐喻山河统一。

彩，形成令人赏心悦目的图画。而在北方由于气候等原因，园林树种相对单调，色彩比较缺乏，黄栌可谓是北方园林绿化或山区绿化的首选树种。

黄栌的木材鲜黄，可提取黄色染料，并可制作家具、器具及建筑装饰、雕刻用材。树皮和叶可提制栲胶；枝叶入药有消炎、清热之功效。

香山红叶历来驰名中外，但香山红叶并非枫叶，而是黄栌树叶。黄栌的木质中含大量黄色素，故此得名。相传古代皇帝的龙袍，就是用这种树提炼的色素染成的。

每当霜秋节，香山东南山坡上，10万余棵黄栌树迎晖饮露，叶焕丹红，其间杂以柿、枫、野槭等树，如火似锦，极为壮美。乾隆年间所定"香山二十八景"中的"绚秋林"即指此处。

■ 山脚下的黄栌树

我国最早描写"香山红叶"的诗句是金代的周昂，他在游香山时写下的"山林朝市两茫然，红叶黄花自一川"诗句，描写了香山红叶的壮观。明人陈瓒在其《香山寺》一诗中用"清音递槛来双涧，秋色迎檐郁万枫"，绘出了秋意浓重，枫叶流丹的意境。

西山国家森林公园位于北京西郊小西山，地跨海淀、石景山、门头沟三区，永定河贯穿其中，将西山截为南北两段。至于距城区较近的翠微山、平坡山、卢师山、香山以及西山余脉荷叶山、瓮山等。

总面积5970平方千米，是京郊风景区的重要组成部分，也是距北京市区最近的一座国家级森林公园。

西山国家森林公园属温带大陆性季风气候类型，地带性植被为温带夏绿阔叶林。这里动植物资源丰富，植物共计250余种，分属73科，主要树种有油松、侧柏、刺槐、黄栌等。

■ 黄栌树枝叶

公园山林面积广阔，生活着许多种类的野生动物，兽类有10余种，鸟类有50余种，数种两栖类及爬行动物。

西山国家森林公园内，香山红叶，闻名中外，为西山风景区中的一大奇观，也是"燕京八景"之一。黄栌树叶随着深秋气温的变化，那火红的颜色会越来越多，更加美丽迷人。

午后灿烂的阳光穿过火红的红叶的枝丫，远远看去好像燃烧的火山，一簇一簇的，妙不可言，真是美极了。

从9月底至10月底，这个时期是森林色彩最为丰富的季节，在五颜六色中，特别耀眼的是黄栌，如片片红霞，使人心醉。满目秋色中，还有亮丽的元宝枫，金灿灿的，变成了一座金库；片片落叶铺满林

乾隆（1711年—1799年），是爱新觉罗·弘历的年号。弘历是清朝第六位皇帝，雍正帝第四子。他25岁登基，在位60年，是我国历史上执政时间最长、年寿最高的皇帝。乾隆帝在位期间平定大小和卓叛乱，巩固多民族国家的发展，六次下江南，文治武功兼修，确为一代有为之君。

山间的黄栌红叶

地，使整个山林变成了藏金宝地。

这红、黄的基调，又随着时令的变化和树木的生长过程，演化出嫩红、粉红、淡黄、橙黄等灿烂缤纷的秋色世界，组成了一幅惊艳绝伦的绚丽画卷。

西山红叶种类很多，大面积的是黄栌树，常见的还有野槭、柿、枫等。深秋时节，万山红遍，层林尽染，片片红叶在微风中闪烁，带给人们无限的惬意。极目远眺，远山近坡，鲜红、粉红、猩红、桃红，层次分明，似红霞缭绕，情趣盎然。

西山的森林四季佳景早已名扬京城，春季桃杏满坡，山野吐翠；夏季林木森森，浓荫蔽日；秋季红叶吐云，金风送爽；冬季松柏长青，银装素裹。

阅读链接

关于红叶，还有一个美丽的故事。在我国唐朝时一个秋天的早上，大学士于佑在皇城外的御河旁徘徊，随手在御河水面上拾起一片漂过的红叶。怎料，这红叶上面竟写了几行清秀的字："流水何太急，深宫尽日闲。殷勤谢红叶，好去到人间。"

于佑如获至宝，也到附近找了一片落叶，回了两句诗："……曾闻叶上红怨题，叶上诗题寄于谁？"他把红叶送到御河，让它流回宫中。

不久，唐僖宗放出后宫侍女3000人，让她们回到民间婚配。才子佳人终于喜结良缘。从此以后，红叶象征着火热的青春、浪漫的爱情。

常绿乔木林

森林卫士

常绿乔木是指终年都具有绿叶的乔木。这类乔木树叶的寿命是两三年或更长,并且每年都有新叶长出,在新叶长出的时候也有旧叶脱落,由于树叶陆续更新,它们终年都能保持绿色。

常绿乔木主要有箭毒木、云杉、桂树、女贞、香樟、红松等。这类乔木由于四季常青,因此它们常被用来作为绿化的首选植物。又因为它们能够常年保持绿色,因此其美化功效和观赏价值都很高。

神奇绿地——西双版纳毒木林

箭毒木的树干

　　在云南的热带雨林中,生长着一种剧毒无比的树,人们常取其树汁和其他毒汁掺拌,来配制药液,并将它涂于弩箭之上射杀凶兽。凡中箭的动物,立即咽喉闭塞而死亡。为何这种树的汁液具有如此剧毒呢?

　　传说这种树是由人的毒血滋润长成的,因此它的树汁也有巨毒。

　　据说在很久以前,云南西双版纳傣族聚居地区发生过一次罕见的特大洪荒。一夜之间村寨变成了汪洋，竹楼全被洪水冲垮、淹没，家养的畜禽也不见了踪影。只有爬上高山的人们，才得以保住性命。

洪荒过后，大家推举一个叫洪波的男子为首领，带领大家重建家园。一天，洪波带领着寨中年轻力壮的小伙子上山伐木。可是这山林中却聚集着77只饿虎，上山之人屡被虎伤，还有不少人葬身虎腹。

为了消除虎患，洪波做了几张强弓硬弩，并带着寨中善于打猎的人上山打虎。可是，他们不但没有猎到饿虎，反而有好多伙伴丧生虎腹或被饿虎咬伤，洪波本人也被饿虎咬断了手臂。从那以后，人们再也不敢上山伐木，只能挤在石洞里或住在大树上度日。

■ 高耸入云的箭毒木

洪波见打虎不成，便找来许多毒草毒药熬成毒汁，然后把它们涂在几头幸存的黄牛身上去毒老虎。然而，那几头黄牛还没进入深山便中毒倒地身亡。

于是，洪波决定用自己的身躯去毒杀饿虎。洪波又找来带有剧毒的花草树木，熬制成一葫芦浓浓的毒汁后，带着它上山去毒饿虎。

洪波到达饿虎聚集的那座森林后，迅速将毒汁涂在身上，喝到肚里，并放声狂呼来吸引饿虎。结果，

弩箭 利用机械力射箭的弓和搭在弩弓上的箭的统称。我国古代装有张弦机构，即弩臂和弩机，可以延时发射的弓。射手使用时，将张弦装箭和纵弦发射分解为两个单独动作，无须在用力张弦的同时瞄准，比弓的命中率显著提高。弩最早在我国创造，早在商周时已广泛应用。

■ 箭毒木幼苗

食了洪波尸体的77只饿虎,不久纷纷倒地,中毒身亡。虎患消除了。

洪波被饿虎撕食之地流满了他的毒血,后来,这地方长出了一棵小树。这棵用毒血滋润的小树,最终成了一棵剧毒无比的树。

它就是被称为"毒木之王"的箭毒木,人们也叫它"见血封喉",西双版纳傣语称之为"埋广"。

箭毒木,又名加独树、剪刀树、鬼树等,桑科见血封喉属常绿大乔木。树干粗壮通直,高大雄健,可达25米至30米之高,树皮呈灰色,具泡沫状凸起。

树冠庞大,枝叶四季常青,小枝幼时被粗长毛。茎干基部具有从树干各侧向四周生长的高大板根系。根系发达,抗风能力较强。

箭毒木的叶互生,二列,呈长圆形或长圆状椭圆

西双版纳 这里以神奇的热带雨林自然景观和少数民族风情而闻名于世。"西双"傣语为十二的意思。在明代当地最高的行政长官把辖区分12个"版纳",傣语中"版纳"是1000亩之意,即一个版纳系一个征收赋役的单位。从此便有了"西双版纳"这一傣语名称。

形，长9厘米至19厘米，宽4厘米至6厘米。叶先端短渐尖，基部呈圆形或浅心形，不对称，全缘或具粗齿。上面亮绿色，疏生长粗毛，下面幼时密被长粗毛，侧脉10对至13对。叶柄长6毫米至8毫米，被有粗毛。

箭毒木于春夏之际开花，花黄色，单性，雌雄同株。雌花单生于具鳞片的梨形花序托内，无花被，子房与花序托合生，花柱2裂。

雄花密集于叶腋，生于一肉质、盘状、有短柄的花序托上，呈序头状。花序托为覆瓦状顶端内曲的苞片所围绕，花被片和雄蕊均为4，花药具紫色斑点。

箭毒木果期为秋季。其果肉质，梨形，呈紫黑色，成熟时呈鲜红至紫红色，长约1.8厘米。这种果实味道极苦，含有毒素，不能食用。

箭毒木

箭毒木的干、枝和叶子中均含有一种白色浆汁，这种汁液奇毒无比，见血就要命，是自然界中毒性最大的一种乔木，因此有"毒木之王""林中毒王"之称。

经分析化验，发现箭毒木的汁液中含有弩箭子苷、铃兰毒苷、铃兰毒醇苷、伊夫单苷、马欧苷，皆是剧毒之物，其毒性并非耸人听闻。

箭毒木的白色浆汁毒性极强，其一旦经伤口进入人体，就会引起肌肉松弛、血液凝固、心脏跳动减缓，最终导致心跳停止而死亡；若

蚬木 又名火木，椴树科，常绿大乔木，渐危种。分布于广西和云南部分海拔700至900米热带石灰岩山地季雨林。3月开花，6月果熟，结实间隔两三年。它是北热带原生性的石灰岩季节性雨林的建群种之一，是热带石灰岩的特有植物，有较重要的研究价值。被列为国家一级珍贵树种。

不慎溅入眼中，眼睛会立即失明。

不仅如此，箭毒木燃烧时，如果烟气熏入眼里，也会引起失明。若人们不小心吃了它，心脏也会麻痹以致停止跳动。动物中毒症状与人相似，中毒后20分钟至2小时内死亡。

过去云南西双版纳的猎人常用箭毒木的浆汁涂在箭头上打猎，这种箭头一旦射中野兽，野兽很快就会因鲜血凝固而倒毙。

故民谚有："七上八下九不活"，意为被毒箭射中的野兽，在逃窜时若是走上坡路，最多只能跑上7步，走下坡路最多只能跑8步，不管怎样跑第九步时就要毙命。

箭毒木是一种生长在热带雨林里的桑科乔木植物，多分布在热带地区。见血封喉一属共有4种，我国只有1种，分布于云南西双版纳、广西南部、广东西部和海南岛等地。

常生于海拔1000米以下的山地或石灰岩谷地的森林中，其伴生树种主要有龙果、橄榄、高山榕、红鳞蒲桃、榕树、黄桐、蚬木、窄叶翅子树、大叶山棣等。

箭毒木主要分布区域热量丰富，长夏无冬，冬季无寒潮影响或寒潮影响甚微。年平均

■ 见血封喉树

气温多为21度至24度，年降雨量1200毫米至2700毫米，干湿季分明或不太分明，空气湿度较大；年平均相对湿度在80%以上。多生长于花岗岩、页岩、砂岩等酸性基岩和第四纪红土上，土壤为砖红壤或赤红壤。

箭毒木可组成季节性雨林上层巨树，常挺拔于主林冠之上。其根系发达，基部具有高大的板根系。

箭毒木的树干

板根是热带雨林中的一些巨树的侧根外向异常次生生长所形成的一些翼状结构，形如板墙，起附加的支撑作用。板根通常辐射生出，以3至5条为多，而且负重多的一侧板根也较为发达。

箭毒木不仅树干高大粗壮，十分沉重，还是浅根植物，而基部的高大板根系就可以很好地解决其"头重脚轻站不稳"的难题，这也使它的抗风能力也大大增强。风灾频繁的滨海地带，孤立木也不易受风倒，但生长高度往往比较矮。

尽管箭毒木说起来是那样的玄乎、可怕，实际上它也有很多可爱、可用之处。

箭毒木的树皮特别厚，富含细长柔韧的纤维，可以编织麻袋和制绳索。它的材质很轻，可作纤维原料。经过处理，它的树干还可以作为软木使用。

■ 西双版纳原始丛林

云南西双版纳的少数民族还常巧妙地利用它制作褥垫、衣服或筒裙。将树皮剥下后，一般要放入水中浸泡1个月左右，再放到清水中边敲打边冲洗，这样做可以除去毒液，脱去胶质。

之后，将其晒干就会得到一块洁白、厚实、柔软的纤维层。用它做的树毯、褥垫舒适耐用，睡上几十年还具有很好的弹性；用它制作的衣服或筒裙既轻柔又保暖，深受当地居民的喜爱。

此外，箭毒木的毒液毒性虽强，但其成分具有加速心律、增加心血输出量的作用，在医药学上有研究价值和开发价值。

人们可以从其树皮、枝条、乳汁和种子中提取强心剂和催吐剂，这种植物在治疗高血压、心脏病等方面有独特的疗效。

箭毒木是组成我国热带季节性雨林的主要树种之一，为了保护箭毒木在内的热带雨林资源而建立的西双版纳热带雨林保护基金会，已经在西双版纳生态州

筒裙 又称统裙、直裙或直统裙。其造型特点是从合体的臀部开始，侧缝自然垂落呈筒管状。是许多少数民族妇女最喜爱的服装，民族特色浓郁。筒裙是用手工纺纱织成的裙子。由于裙头裙脚同样宽窄，无褶无缝，状似布筒，故名筒裙。筒裙有长筒、短筒之分。

建设、环境改善及热带雨林保护与恢复中发挥着积极的作用。

此外，林业部门也对各地发现的箭毒木古树建档管理并将其列为保护对象，以此来提高人民的保护意识，从而更好地保护这些珍稀资源。

云南西双版纳是一个神奇的地方，有5000多种热带动植物云集在这近20000平方千米的土地上，也是大象、绿孔雀、长臂猿、野牛等珍禽异兽的乐园。

这些都是大自然在西双版纳上精心绘制的美丽画卷，可以让人们完全领略到热带风情。而西双版纳国家森林林公园更是其中的一个亮点。

步入森林公园，映入眼帘的便是具有热带地区特色的植物：错落而有序的椰树、油棕、蒲葵、鱼尾葵、槟榔，巨大的树叶随风飘荡。

在原始热带雨林景区，只见密密匝匝的森林遮天蔽日，藤蔓交错，盘根错节。上层乔木有千果榄仁、绒毛蕃龙眼、毛麻楝、天料木等。

箭毒木这种有毒王之称的乔木，在西双版纳景洪市和勐腊县的一些地区都有生长。在西双版纳景洪市勐罕镇的曼桂民族神话园北侧200米处，有一棵长着板根的箭毒木。这棵

蒲葵 又叫扇叶葵、葵树，在植物分类学中是棕榈科蒲葵属的常绿高大的乔木树种。原产我国南部，在广东、广西、福建、台湾等省区均有栽培。此树高达20米。树冠紧实，近圆球形，冠幅可达8米。蒲葵外形与棕榈较为相似，但棕榈最高仅10米左右，而蒲葵长到20米都是很常见的。

见血封喉树

见血封喉树

毒树高约27米,主干上附生着绞杀植物。毒树虽然已被绞杀植物的气生根紧紧缠住,但树势仍然不衰。

西双版纳勐腊城区的百象山上,也生长着一株40多米高的云南箭毒木。这株毒木,树干笔直挺拔,繁茂枝叶形若绿伞。其根基部长有3块板根,其中最大一块板根,面积有4平方米。

最便于人们参观的箭毒木,在西双版纳勐仑植物园生态站东侧的一棵百年老树。树高约40米高,胸径2米多,树身被一株树势旺盛的绞杀榕所缠,根部已出现了空洞。但枝干粗壮,伞形树冠仍然苍翠碧绿。

阅读链接

箭毒木之所以又被称为"见血封喉",还有另外一种说法。相传,很久以前,在云南省西双版纳有一位勇敢的傣族猎人。

一天,猎人和伙伴们外出打猎时,遇上了一只猛虎。勇敢的猎人并未慌张,拉弓向老虎射了一箭。不料,这一箭并未将老虎射死,反而使其疯狂地向猎人扑去。

机敏的猎人就近爬上了一棵大树,匆忙间折断一根树枝就使劲朝猛虎的嘴扎去。结果,奇迹发生了,老虎立即倒地而死。

从那以后,西双版纳的猎人知道了这种植物有剧毒,并且学会了把这种树的汁液涂于箭头用于狩猎。傣族人称这种树为"戈贡",因其能使动物中箭后迅速死亡而得名"见血封喉"。

固沙大王——内蒙古沙地云杉

克什克腾大草原，地处内蒙古高原与大兴安岭南端山地和燕山余脉七老图山的交会地带，很久以前，这里就是一个水草丰美、百花盛开的地方。在这里，牧民们过着无忧无虑、幸福快乐的生活。

可是，有一天，突然来了一个神通广大的魔王。它不仅施法毁灭了半个草原，还向人们发布了一道命令：每天都要给它送去3头牛和10

高大的云杉林

只肥羊。更可恨的是，每逢初一、十五，还要送去一对童男童女供它享用。

面对这些无理要求，人们无法接受，他们决定同恶魔拼死搏斗到底，以保卫后代子孙和美丽的家园。于是，各由100名勇士组成了弓箭队、棒子队和套索队。这300名勇士告别了父老乡亲，去征讨十恶不赦的魔王。

进到山里后，勇士们见那魔王正站在洞口前。100名弓箭手先冲了上去，对准魔王，利箭齐发，有1000多支箭射在了魔王身上，只听噼噼啪啪一阵响，魔王身上的箭羽都被击落到了地上，但魔王却毫发无损。

这时，100名棒子队员又冲了上去，他们围住魔王举棒就打。可魔王毫不理睬。

弓箭、棒子都对付不了魔王，于是第三批勇士挥舞套索，大声呐喊着冲向了魔王。霎时，100条套索紧紧地套住了魔王的粗脖子。不

云杉针形叶

云杉的果实

料,那魔王伸出满是黄毛的利爪,只几下就将全部的套索扯断了。接着,魔王鼻子只哼了一声,勇士们便被震得纷纷后退。

之后,魔王又从腰间解下一条黄腰带迎风一晃,那腰带立时变得又粗又长。只见魔王轻轻一抖,300名勇士便被圈进大套索里,再也动弹不了了。

就在这万分危急的时候,只见从东南方向飞来一黑一白两匹骏马。黑马背上驮着一个男孩儿,白马背上驮着一个女孩儿。

两个孩子都是一身绿色装束,年纪都在十一二岁左右。被魔王困住的300名勇士,一见来的两个孩子正是准备要给魔王纳贡的一对童男童女,都急得大声喊起来:"你俩快回去,不要来白白送死!"

可是,两个孩子就像没听见似的,泰然自若地来到魔王跟前,大声说道:"魔王!你不是想吃童男童女吗?我们来了!"

原来,这对童男童女是一对孪生兄妹,男孩叫特古斯,女孩叫乌兰其其格,兄妹二人从小就很机敏勇敢。自从魔王霸占了克什克腾草原以后,兄妹二人就在暗地里观察魔王的行踪。

云杉的果实

　　很快,他们发现了一个秘密:魔王居住的附近寸草不生,除了石头就是黄沙。特古斯揣摩了半天,终于有了主意。于是,他和妹妹一商量,两个人就去找阿爸阿妈请求出战。

　　果然,那魔王非常害怕绿色,他一看到这两个孩子便立刻闭上了眼睛,一连后退了好几步。特古斯和乌兰其其格趁机立刻跃马冲上前去,挥舞宝剑刺瞎了魔王的双眼。

　　那魔王疼得"哇哇"大叫掉头就逃。特古斯和乌兰其其格纵马急追。眼看就要追上了,不料,魔王从怀里又掏出一条黄腰带迎风一晃。只听"唰啦"一声,两个孩子连人带马都被缠了起来,而且越缠越紧。这时,魔王转过身来,伸出一只魔爪抓向兄妹二人。

　　就在瞎眼的魔王靠近身边的时候,特古斯和乌兰其其格奋不顾身地拼尽全力将两把利剑一齐插入了魔王的心窝。作恶多端的魔王终于被杀死,特古斯兄妹也都在魔爪下牺牲了。

　　后来,英勇牺牲的特古斯兄妹和300名勇士,一齐变成了一种大树,它们高高地耸立在山脚下,一年四季保持着绿色,来抵御着从大西北吹来的风沙,勇敢地捍卫着克什克腾大草原。人们为了纪念勇士们，称它们为"沙地云杉"。

多少年过去了，特古斯兄妹为民除害的故事却一直在大草原上广为传诵着。居住在沙地云杉林周边的蒙古族人民，一直都把云杉尊为"神树"。

沙地云杉，俗称红波臭，又称白千，属常绿乔木。树冠尖塔形，树高可达45米，胸径80厘米至100厘米，树皮灰褐色或红褐色。叶长1厘米至2厘米，粗壮稍弯曲，先端微尖或极尖。球果长5厘米至16厘米，栗褐色。种鳞倒卵形。花期在4月至5月，种熟期在9月至10月。

沙地云杉的物种特征非常明显，它耐沙土、耐干旱、耐高寒、耐冰挂，而且侧根非常发达，适应干旱和沙质土地，既能调节气候、净化环境，又能防风固沙、保护草原。

沙地云杉由于长期生长于干旱、贫瘠的沙地上，形成了许多适应于严酷环境的形态特征和生理特点。

沙地云杉的树冠灰蓝绿色，针叶被覆白色蜡质，当年生枝条被密毛，这些特征在某种程度上可以起到减轻强光辐射的高温灼烧作用。

沙地云杉的部分针叶干枯、变黄，乃至脱落，三四年针叶脱落较多，这可以有效减少蒸发的面积，降低水分消耗。

沙地云杉虽是浅根系树种，它的侧根系较发达，形成网状根系。沙地云杉生长在10米至100米深的土地上，其根长是树干的3倍。由于它的根系蔓延交织，盘根错节，所以可以聚拢散碎的细沙，对防风固沙有特殊效果。

云杉翠绿的枝叶

敖包 蒙古语，也称"脑包""鄂博"。就是由人工堆成的"石头堆""土堆"或"木块堆"，上面插有柳枝，此谓神树，神树上挂有五颜六色的神幡。起初是人们在辽阔的草原上用石头堆成的道路和境界的标志，后来逐步演变成祭山神、路神和祈祷丰收、家人幸福平安的象征。

沙地云杉是世界上仅存的两处红皮云杉之一，世所罕见，有"神树""活化石"之称。我国的沙地云杉全部生长在内蒙古自治区，集中成片的只有2000多公顷，都集中在克什克腾旗的白音敖包。

这里的沙地云杉的树龄大的有五六百年，树龄小的也有100年之久，被称为镶嵌在沙漠上的"绿色宝石"，而当地的牧民更是把它称为"神树"。而且沙地云杉生存的年代久远，再加上它顽强的生命力，所以沙地云杉又被学术界称为"生物基因库""生物活化石"。

白音敖包的生态环境十分恶劣，属大兴安岭山地向蒙古高原的过渡地带，除敖包主峰外，全部是沙丘。地表仅有30厘米至50厘米的腐殖质灰色森林土，

■ 旱季的云杉

■ 雨季中的云杉

而且土质松散、贫瘠。这里的气候日较差和年较差大，寒暑剧变。

连绵不断的沙地云杉，刚劲威猛，它浑圆高大的躯体里满贮着旺盛的生命活力，而它那扎入沙地深处的根须，则体现了它对生命的执着。乾隆皇帝观赏沙地杉林时曾发感慨：

> 我闻松柏有本性，经春不融冬不凋。
> 凌空自有偃盖枝，讵无盘层傲雪霜。

沙地云杉木质细腻，纹理通直，是建筑和制作家具的上好材料。因为它声学性能良好，还是制作乐器的重要用材。云杉还可以采脂制作成松香、松节油。

云杉树姿优美，是美化环境的首选树种。云杉不仅创造了沙漠生命的奇迹，还以其不畏严寒、傲然挺

松香 为松科松属若干植物中渗出的油树脂，经蒸馏或提取除去挥发油后所得的固体树脂。有药用价值，也是常用的工业原料，有一定毒性。主要应用在电子电路焊接时的助焊剂；在乐器方面主要用来擦磨乐器的琴弦使其起到发涩的作用。按其来源分为脂松香、木松香、浮油松香3种。

■ 云杉花穗

大兴安岭 位于黑龙江省、内蒙古自治区北部，是内蒙古高原与松辽平原的分水岭。北起黑龙江畔，南至西拉木伦河上游谷地，东北至西南走向，全长1200多千米，宽200千米至300千米，海拔1.1千米至1.4千米，主峰索岳尔济山。大兴安岭原始森林茂密，是我国重要的林业基地之一。

立的雄姿赢得了人们的青睐。

为了更好地保护沙地云杉，我国已在其成片林所在地白音敖包建立自然保护区。而合理的开发能进一步地保护树种，这样亦能带来良好的生态效益、社会效益。

为此，一方面加大宣传力度，普及生态知识，提高人们保护生态环境的自觉性；另一方面，利用沙地云杉的生态习性，向全国推广建立造林基地，可以扩大繁育基地，使现有的森林资源能最大限度地发挥其生态、经济、社会效益，更好地经营现有森林达到林业的可持续发展。

白音敖包国家级自然保护区位于克什克腾旗经棚镇西北75千米草原深处。保护区总面积为13800多平方千米，主要保护对象是世界仅存的珍稀的沙地云杉林生态系统。根据保护区的特点将保护区规划为核心区、缓冲区、实验区3个功能区。

这片保护区处于大兴安岭山地向蒙古高原的过渡地带，东接大兴安岭南端西侧的低山丘陵，西部与锡林郭勒草原相连。

地势南高北低，以南部的白音敖包山为最高点。属寒温带半干旱森林草原气候，四季变化明显，昼夜温差大。地下水位低，分布的主要河流有贡格尔河和敖包河。

白音敖包的沙地云杉林，林势雄伟，挺拔俊秀，雍容壮观，树型似塔，躯干挺拔，枝条横生，干紫红、叶翠绿，无论是炎炎盛夏还是冽冽寒冬，它都翠绿欲滴，攀坡漫生，绵延不绝，犹如一道沿山而筑的绿色长城。每当风吹林海时，松涛声声，绿波起伏，其势如潮。

这一片神奇的沙地云杉林，千百年来就像忠诚的卫士一样辛勤地护卫着这片土地和这片土地上的生灵，抗御着严寒、干旱和风沙，改善和调节着北方的自然环境。

保护区内除了沙地云杉外，还有维管束植物68科239属460多种，其中单种科和寡种科植物是总数的87.7%，还有哺乳动物38种，国家二级保护鸟类27

锡林郭勒草原

锡林郭勒系蒙古语，意为丘陵地带的河。位于内蒙古自治区锡林浩特市境内，面积100多万公顷，是草甸草原、典型草原、沙地疏林草原和河谷湿地生态系统。是世界闻名的大草原之一，也是我国四大草原——内蒙古草原的主要天然草场。

■ 挂满果实的云杉

> **达里诺尔湖** 位于内蒙古克什克腾旗，高原地形，分布着被风化的玄武岩或花岗岩，是低浓度盐水湖。此湖周长百余千米，呈海马状，为封闭式苏达型，属高原内陆湖，湖水无外泄。达里诺尔湖还有岗更诺尔和多伦诺尔湖两个姊妹湖，亮子河、贡格尔河、沙里河将3个湖泊穿在一起，形成高原湖区。

种。保护区的建立，为沙地云杉的保护与繁衍奠定了坚实的基础。

白音敖包一年四季风光各不相同。

春来风暖日长，一双舞燕，万点飞花，满地斜阳。林中松杉桦柳连枝交叶，竞向参天，在蒙蒙细雨中犹如待嫁的新娘，满面羞容，亭亭玉立。

夏来草长莺飞，杂树生花。山丹花红艳灼灼，山梨花满树披雪，那浓浓的芳香沁人肺腑甜透心。各式各样的花儿把林间隙地点缀得五彩缤纷，绚丽斑斓。山脚下林带边那时隐时现的小河流出郁郁葱葱的森林，流向那茫茫的草原，隐匿在达里诺尔湖浩荡的波涛中。

阵阵秋风抹过，焰霞蹿动，红叶映天，果上枝头，层林尽染。白桦枝上鸟鸣啁啾，流水叮咚，鹿走禽飞。若到秋雨连绵的时节，置身林间，踏着地上厚

■ 美丽的云杉林

厚的、软软的苔藓,可以体味一番苏轼"天欲雨,云满湖,楼台明灭山有无,水清石出鱼可数,林深无人鸟相呼"的意境。

冬来风霜已落,百草枯黄,万花纷谢。皑皑莽原,只有云杉枝繁叶茂,一派生机。这时是滑雪狩猎的好时机。云杉不仅创造了沙漠生命的奇迹,还以其不畏严寒、傲然挺立的雄姿赢得人们的青睐。

景区中的云杉

阅读链接

关于白音敖包的沙地云杉林还有这样一个传说。

很久以前的一天,太阳落山时,突然天空中霞光万道,彩云飞舞,万鸟齐鸣。这神奇的现象一直持续到太阳落山后。

第二天,当人们一觉醒来,开门一看,惊呆了,只见远处山坡上长满了高大挺拔的松树,这就是后来人们所说的沙地云杉。百姓们开心极了。

不久,一位声望很高的大喇嘛途经此地,在森林里观望了很久,于是,在林间空地建造了一座喇嘛庙。从此,一年四季来朝拜的人络绎不绝,终日香火不断。

当大喇嘛决定离开这里的时候,寺院里所有的喇嘛都跪拜送行。大喇嘛飘然向西而去,这片树林也慢慢地向大喇嘛离去的地方移动。人们担心这片树林会离开这里,于是就做了一条铁索链子,将带头移动的树王锁住。

从此后,沙地云杉林就这样世世代代留在这片沙地之上,保一方平安。

月宫之树——五老峰桂树林

传说古时候在两英山下，住着一个卖山葡萄酒的寡妇，她为人豪爽善良，酿出的酒，味醇甘美，人们尊敬她，称她仙酒娘子。

一年冬天，天寒地冻。一天清晨，仙酒娘子刚开大门，忽见门外

■ 路边的桂树

■ 桂花

躺着一个骨瘦如柴、衣不遮体的汉子，看样子是个乞丐。仙酒娘子摸摸那人的鼻口，还有点气息，就把他背回家里，先灌热汤，又喂了半杯酒。

那汉子慢慢苏醒过来，激动地说："谢谢娘子救命之恩。我是个瘫痪人，出去不是冻死，就是饿死，你行行好，再收留我几天吧！"

仙酒娘子为难了，常言说"寡妇门前是非多"，像这样的汉子住在家里，别人会说闲话的。可转念一想，总不能看着他活活冻死、饿死啊！终于点头答应，留他暂住。

果然不久，关于仙酒娘子的闲话很快传开，大家对她疏远了，到酒店来买酒的一天比一天少。但仙酒娘子忍着痛苦，尽心尽力照顾那汉子。后来，人家都不来买酒了，她实在无法维持下去，于是那个汉子也就不辞而别了。

仙酒娘子放心不下，到处去找，在山坡遇一白发老人，挑着一担干柴，吃力地走着。仙酒娘子正想去帮忙，那老人突然跌倒，干柴散落满地，老人闭着双

月宫 又名广寒宫，是我国神话中上界神仙为嫦娥建造的一座宫殿。因为这座宫殿是一个具有宇宙灵性的蟾蜍幻化而成，所以月宫又称作蟾宫。传说，月宫是一个宫殿群，包括：一宫"广寒宫"；二馆：天籁馆、百花馆；三亭：望乡亭、凌云亭、会仙亭，以及"四台"和"五殿"。

■ 金陵桂树王

吴刚 我国古代神话人物，被天帝惩罚在月宫伐桂树。传说，月中吴刚，本为樵夫，醉心于仙道，然而不幸却犯了天条，因此天帝震怒，把他打发到寂寞的月宫，令他在广寒宫前伐桂树，只有砍倒桂树才能免罪。可是吴刚每砍一斧，斧起而树伤马上就愈合了，所以他也只好不断地砍下去。

眼，嘴唇颤动，微弱地喊着："水、水、……"荒山坡上哪来水呢？仙酒娘子咬破中指，顿时，鲜血直流，她把手指伸到老人嘴边，老人忽然不见了。

一阵清风，天上飞来一个黄布袋，袋中贮满许许多多小黄纸包，另有一张黄纸条，上面写着：

月宫赐桂子，奖赏善人家。
福高桂树碧，寿高满树花。
采花酿桂酒，先送爹和妈。
吴刚助善者，降灾奸诈滑。

仙酒娘子这才明白，原来这瘫汉子和担柴老人，都是月亮上的神仙吴刚变的。

吴刚送仙酒娘子桂子的消息很快传开了。仙酒娘子家附近的人都来索桂子。善良的人把桂子种下,很快长出桂树,开出桂花,满院香甜。

人们摘下这桂花酿成美酒。但心术不正的人,种下的桂子就不会生根发芽,使他感到难堪,从此洗心向善。

领到桂子的人们都很感激仙酒娘子,因为是她的善行,感动了月宫里管理桂树的吴刚大仙,才把桂子酒传向人间,从此人间才有了桂花树与桂花酒。

在我国古代,自从桂花酒出现后,关于桂花树的神话传说就不断出现,其中之一是这么说的。在很久以前,咸宁这个地方发生了一场瘟疫,人们用各种方法都不见效果,死去了1/3的人。

在挂榜山下,有一个勇敢、忠厚、孝顺的小伙子,叫吴刚,他母亲也病得卧床不起了,小伙子每天上山采药救母。

桂树林

> **淦河** 位于湖北咸宁境内,从大幕山南麓出发,河床上横跨桥梁50余座,其中古代廊桥就有8座。这里有明代建的桃坪桥、高升桥、白沙桥、刘家桥,有清代建的白泉桥、万寿桥等。这里有古老的石拱桥、石梁桥,有矩形梁板面桥、工型梁微弯板桥,有钢架拱桥、扁壳拱桥,形态不一。

一天,观音东游归来,正赶回西天过中秋佳节,这天路过,见小伙子在峭壁上为母采药,深受感动。

于是,晚上观音托梦给他,说月宫中有一种叫木樨的树,也叫桂树,开着一种金黄色的小花,用它泡水喝,可以治这种瘟疫;挂榜山上在八月十五时,有天梯可以到月宫摘桂花。

这天晚上正好是八月十二,还有三天就是中秋节了。上到挂榜山顶要过七道深涧,上七处悬崖绝壁。最少需要七天七夜,可时间不等人,过了今年八月十五,错过了桂花一年一次的花期,还要等一年。

吴刚历经千辛万苦,终于在八月十五晚上登上了挂榜山顶,登上了通向月宫的天梯。

八月正是桂花飘香的时节,天香云外飘。吴刚顺着香气来到桂花树下,看着金灿灿的桂花,见着这天外之物,好不高兴,他就拼命地摘呀摘,总想多摘一点回去救母亲、救乡亲。

■ 桂树茂盛的枝叶

可摘多了他抱不了,于是他想了一个办法,他摇动着桂花树,让桂花纷纷飘落,桂花掉到了挂榜山下的河中。顿时,河面清香扑鼻,河水被染成了金黄色。

人们喝着这河水,疫病全都好了,于是人们都说,这哪是河水呀,这分明就是一河的比金子还贵的救命水,于是人们就给这条河取名为金水。后来，又在金字旁边加上三点水，取名"淦河"。

这天晚上正是天宫的神仙们八月十五的大集会，会上还要赏月、吃月饼。这时桂花的香气冲到天上，惊动了神仙们，于是派差官调查。

差官到月宫一看，见月宫神树、定宫之宝桂花树上的桂花全没有了，都落到了人间的河里，就报告给了玉帝。玉帝一听大怒。玉帝最喜欢吃月桂花做的月饼了，于是就派天兵天将将吴刚抓来。

金桂花

吴刚被抓后，把当晚发生的事一五一十地对玉帝说了。玉帝听完也不好再说什么，打心眼里敬佩这个年轻人。可吴刚毕竟是犯了天规，不惩罚他不能树玉帝的威信。于是，玉帝问吴刚有什么要求，吴刚说他想把桂花树带到人间去救苦救难。

于是玉帝想了一个主意，既可惩罚吴刚，又可答应吴刚的要求，他说，只要你把桂花树砍倒，你就拿去吧！于是吴刚找来大斧砍了起来，想快速砍倒大树，谁知，玉帝施了法术，砍一刀长一刀，这样吴刚长年累月地砍，砍了几千年。

吴刚见砍不倒树，思乡思母心切，于是他在每年的中秋之夜都丢下一支桂花到挂榜山上，以寄托思乡之情。

年复一年，于是挂榜山上都长满了桂树，乡亲们就用桂花泡茶喝，咸宁再也没有了灾难。

桂花树，又名汉桂、木樨，常绿阔叶乔木。其树姿飘逸，碧枝绿

红色的丹桂花

叶，四季常青，香气怡人。其树高可达15米，桂花树长着两三根赤褐色的主干。

主干上还长着一些树枝，这些树枝伸向四方，远远望去，整棵桂花树像一把撑起来的伞。其树皮粗糙，灰色或灰白色，有时显出皮孔。

桂花树的叶面光滑，革质，近轴面暗亮绿色，远轴面色较淡，但背面很粗糙。叶长，椭圆形或卵形、倒卵形，长5厘米至12厘米，端尖，基楔形，全缘或上半部有细锯齿。

桂花树花期在9月至10月，开花后叶子开始变黄，在这密密麻麻的叶子里面隐藏着一簇簇米黄的小桂花，每朵桂花都有4片花瓣。其花簇生叶腋或聚伞状；花较小，黄白色，有浓香。核果呈椭圆形，紫黑色。

桂花树在我国的栽培历史达2500年以上，其经过长时间的自然生长和人工培育，已经演化出很多的桂花树品种，大致可将其分为丹桂、金桂、银桂和四季桂4个品种。

丹桂花朵颜色橙黄，气味浓郁，叶片厚，色深。一般秋季开花，花色很深，主要有橙黄、橙红和朱红色。

金桂花朵为金黄色，且气味较丹桂要淡一些，叶片较厚。金桂秋季开花，花色主要以柠檬黄与金黄色等为主。

银桂花朵颜色较白，稍带微黄，叶片比其他桂树较薄，花香与金桂差不多不是很浓郁。银桂开花于秋季，花色以白色为主，呈纯白、乳白和黄白色，极个别特殊的会呈淡黄色。

四季桂的花朵颜色稍白,或淡黄,香气较淡,且叶片比较薄。与其他品种最大的差别就是它四季都会开花,但是花香也是众多桂花中最淡的,几乎闻不到花香味。也有很多人将四季桂称为月月桂。

桂树原产我国西南喜马拉雅山东段、西南部、四川、陕西南部,云南、广西、广东、湖南、湖北、江西等地,这些地方均有野生桂花生长,后广泛栽种于淮河流域及以南地区。其适生区北可抵黄河下游,南可至两广、海南,在长江中下游地区极为常见。

桂树喜欢温暖湿润的气候,耐高温而不甚耐寒,为亚热带树种。桂花叶茂而常绿,树龄长久,秋季开花,芳香四溢,是我国特产的观赏花木和芳香树。

我国桂树集中分布和栽培的地区,主要是岭南以北至秦岭、淮河以南的广大热带和亚热带地区。该地区水热条件好,降水量适宜,土壤多为黄棕壤或黄褐土,植被则以亚热带阔叶林类型为主。

在这样的气候条件孕育和影响下,桂花生长良好,并形成了湖北咸宁、湖南桃源、江苏苏州、广西桂林、浙江杭州和四川成都有名的桂花商品生产基地。

桂花对土壤的要求不太严,除碱性土和低洼地或过于黏重、排水不畅的土壤外,一般均可生长,但以土层深厚、疏松肥沃、排水良好的微酸性沙质壤土更加适宜。

桂花终年常绿,枝繁叶茂,秋季开花,芳香四溢,可谓"独占三秋压群芳"。在园林中应用普遍,常作园景树,有孤植、对

四季桂花

植,也有成丛成林栽种。

在我国古典园林中,桂花常与建筑物、山、石在一起,以丛生灌木型的植棵植于亭、台、楼、阁附近。旧式庭园常用对植,古称"双桂当庭"或"双桂留芳"。

在住宅四旁或窗前栽植桂花树,能收到"金风送香"的效果。桂花对有害气体——二氧化硫、氟化氢有一定的抗性,也是工矿区的一种绿化的好花木。

桂花树是制作高档家具和雕刻的优质材料。桂花树坚实如犀,材质细密,纹理美观,有光泽,不破裂,不变形,以其制成的家具及雕刻的木器经久耐用,且长久散发桂花清香。

桂花茶有清香提神功效。桂花经沸水稍烫后捞起晾干,密封于瓶里,以保持颜色和香气,可作为食品

桂花糕 一种以糯米粉、糖和蜜桂花为原料制作而成的糕点。据说,这种糕点有300多年历史。相传,在明朝末年,新都县城有个叫刘吉祥的小贩,从状元杨升庵桂子飘香的书斋中得到启示,将鲜桂花收集起来,挤去苦水,用蜜糖浸渍,并与蒸熟的米粉、糯米粉、熟油、提糖拌和,装盒成型出售,取名桂花糕。

■ 桂树林

香料。还可以压缩于瓶中作桂花糕。

每年中秋月明，天清露冷，庭前屋后、广场、公园绿地的片片桂花盛开了，在空气中弥漫着甜甜的桂花香味，冷露、月色、花香，最能激发情思，给人以无穷的遐想。广西桂林也因桂花树成林而得名。

农历八月，古称桂月，此月是赏桂的最佳时期，又是赏月的最佳月份。八月桂花，中秋明月，自古就和我国人民的文化生活联系在一起。

许多诗人吟诗填词来描绘它、颂扬它，甚至把它加以神化，嫦娥奔月、吴刚伐桂等月宫系列神话，月中的宫殿，宫中的仙境，已成为历代脍炙人口的美谈，也正是桂花把它们联系在一起。桂树竟成了"仙树"。宋代韩子苍诗道：

月中有客曾分种，世上无花敢斗香。

李清照称桂花树为"自是花中第一流"。

桂花的名称有很多，因其叶脉形如圭而称为"桂"，因其材质致密，纹理如犀又称为"木樨"，

■ 淡黄色的桂花

嫦娥 也叫姮娥，我国古代神话中人物，传说，他是后羿的妻子。其美貌非凡，后飞天成仙，住在月亮上的仙宫。在道教中，嫦娥为月神，又称太阴星君，道教以月为阴之精，尊称为月宫黄华素曜元精圣后太阴元君，或称月宫太阴皇君孝道明王，作女神像。

因其自然分布于丛生岩岭间而又称"岩桂",因开花时芬芳扑鼻,香飘数里,因而又叫"七里香""九里香"。

　　古人对桂花开花的天气条件,有大量记载。唐代王建在《十五夜望月》中有"冷露无声湿桂花";柳宗元有"露密前山桂";白居易有诗云:

　　　　　天将秋气蒸寒馥,月借金波摘子黄。

宋代曾记载:

　　　　　月待圆时花正好,花将残后月还亏。
　　　　　须知天上人间物,同禀清秋在一时。

宋代陆游有诗:

重露湿香幽径晓，斜阳烘蕊小窗妍。

许多桂花古树是历史的见证。桂花古树也为文化艺术增添光彩，它们是历代文人咏诗作画的题材，往往伴有优美的传说和奇妙的故事。

桂花古树是研究自然史的重要资料，它的复杂的年轮结构，蕴涵着古水文、古地理、古植被的变迁史，其对研究树木生理也具有特殊意义。所以，人们应该好好保护这种资源。

为了保护桂花古树，各地可以组织专业人员或成立桂花协会，进行寻访调查，分级登记，备卡立档。采取多种保护措施，如设避雷针防止雷击；适时松土、浇水、施肥，防治病虫害；有树洞者加以填堵，以免蔓延扩大；树身倾斜、枝条下垂者用支架支撑等。

此外，还应采取各种手段对濒危古树名木抢救复壮。如采用根部换土，在地下埋树条并铺上上大下小的梯形砖或草皮，增加通气性等技术措施，使一批日趋衰朽的古树重新焕发活力。

五老峰国家森林公园位于山西永济东南，地处晋、秦、豫三省交会之黄河金三角，东临塔儿园，西靠雪花山，北依虞乡镇，南接芮城县，是中条山脉南端的一部分。

洛书 古称龟书。传说有神龟出于洛水，其甲壳上有此图像，也就是一般术数中常说的"九宫"。其中奇数一、三、七、九为阳数，二、四、六、八为阴数，五居中宫。"洛书"里面包含了三套十字纹样：中心十字纹样代表"天心"，对应"地心"，即对应"昆仑山"、天十字纹样代表"天"、地十字纹样代表"地"。

■ 桂树花枝

森林卫士 常绿乔木林

金桂花

其面积有200平方千米，境内山峰叠嶂连绵，高耸挺拔，是一座以山峰奇秀、清泉灌顶而著称于三晋大地的名山。历史上曾有"东华山"之誉称。

五老峰由玉柱锋、太乙坪峰、棋盘山、东锦平峰、西锦平峰组合而成。五老峰原名五老山，因古代五老在此为帝王授《河图》《洛书》而得名。《周易》成书之前，这里是河洛文化早期传播的圣地。

唐宋以来，宗教的兴盛进一步繁荣了五老山的道教文化，山中观庵簇拥，寺院林立，香火缭绕，朝客云集。

明万历十九年，也就是1591年，明神宗亦慕名而至，朝山进香，于农历七月初一至十五朝山庙会，所以有"道家天下第五十二福地"之称，被誉为我国北方道教文化名山。

五老峰与晋北佛教圣地五台山南北对峙，齐名天下，有"晋北拜佛五台山，晋南问道五老峰"之说。寺、观、庙、宫遗址上下大小有64处，险峻秀丽的自然风光与丰富深邃的人文内涵，形成了这里的资源特色。

　　据记载，五老峰也称五臣峰。当年唐朝曾有5位元老为立大唐江山，于七月初一被隋军包围于玉柱峰栖身，为保唐高祖李渊的安全，5位元老从玉柱峰西舍身崖下留得忠名。后唐明皇李隆基加封五老名。

　　五老峰国家森林公园风景秀丽宜人，四季风光变幻无穷，生态环境优美，动植物种类繁多。奇特的喀斯特地质地貌造就了许多罕见奇观，具有雄、险、奇、秀、仙之特点。《水经注》称：

　　　　奇峰霞举，孤标秀出，罩络群峰之表，翠柏荫峰，清泉灌顶。

　　五老峰国家森林公园内的桂花树四季常青，树冠圆整，叶大浓绿，蔚为壮观。其中，一棵古老的桂花树大约已有上千年历史，树干有3个人合抱那么粗，树冠像一把巨大的绿伞，枝叶繁茂。老人们说这

桂花树

棵桂花树十分神奇，可以使乡民逢凶化吉、为村民带来好运。

金秋十月，满树的桂花金灿灿的，清香随风飘散，方圆十多里，清新空气如甜美的醇酒。秋风飘过，桂花纷纷落下来，人们满头满身都是桂花，好像下了一场桂花雨。

五老峰国家森林公园的春天是花的海洋，夏天是避暑胜地，深秋满山红叶，冬令是银色世界。这里山清水秀，有极高的自然资源保护价值。

野生植物品种繁多，有橡树、桂树、漆树、枫树、娑罗树等我国北方少见的树种。而受国家重点保护的野生动物如金钱豹、野鹿、羚、蝮蛇、金秀鹫、野猪等，经常出没于人迹罕至的密林里。

这里泉水清纯甘甜，川流不息，有明眼泉、玛瑙泉、芙蓉泉等。最具神奇的是一碗泉，只有碗口大小，却舀之不尽，涌而不溢。这里的山奇水秀，无处不绿，还有松涛、云海、奇峰、怪石、松翠、流泉、飞瀑等景观，呈现出千姿百态的自然风光。

阅读链接

自古以来，桂花树就很受人喜爱。《山海经·南山经》提到的"招摇之山多桂"。《山海经·西山经》提到"皋涂之山多桂木"。屈原的《九歌》有"援北斗兮酌桂浆，辛夷车兮结桂旗"。《吕氏春秋》中盛赞："物之美者，招摇之桂"。东汉袁康等辑录的《越绝书》中载有计倪答越王之话语："桂实生桂，桐实生桐"。

汉代至魏晋南北朝时期，桂花成为名贵的花卉与贡品，并成为美好事物的象征。桂花树是崇高、贞洁、荣誉、友好和吉祥的象征，凡仕途得志、飞黄腾达者谓之"折桂"。

"月宫仙桂"的神话给世人以无穷的遐想。在长期的历史发展进程中，桂花形成了深厚的文化内涵和鲜明的民族特色。

耐寒丛林——莲花洞女贞林

■ 女贞果实

　　从前，有个善良的姑娘叫贞子，嫁给一个老实的农夫。两人都没了爹娘，同病相怜，十分恩爱地过日子，哪知婚后不到3个月，丈夫便被抓去当兵，任凭贞子哭闹求情，丈夫还是一步三回头地被强行带走了。

　　丈夫一走就是3年，音信全无。贞子一人整日里哭泣不已，总盼着丈夫能早日归来。

　　可是有一天，同村一个当兵的逃了回来，带来她丈夫已战死的噩耗。贞子当即昏死过去。乡亲们把她救过来后，她一连几天不吃不喝，痛不欲生。

最后有个邻家二姐劝慰她，说那捎来的消息也许不真，才使她勉强挺了过来，但这一打击却让她本来羸瘦的身体更加虚弱，这样过了半年，她最终病倒了。

临死前，贞子睁开眼拉着二姐的手说："好姐姐，我没父母没儿女，求你给我办件事。"

二姐含泪点头。

"我死后，在我坟前栽棵冬青树吧！万一他活着回来，这树就证明我永远不变的心意。"

贞子死后二姐按她的遗言做了，几年后冬青树枝繁叶茂。

果然有一天，贞子的丈夫回来了。二姐把贞子生前的情形讲了，并带他到坟前，他扑在坟上哭了三天三夜，泪水洒遍了冬青树。此后，他因伤心过度，患上了浑身烦热、头晕目眩的病。

说来也怪，或许受了泪水的淋洒，贞子坟前的冬青树不久竟开花

女贞树果

了，还结了许多豆粒大的果子。乡亲们都很惊奇这树能开花结果，议论纷纷，有的说树成仙了，吃了果子人也能成仙；有的说贞子死后成了仙等。

贞子的丈夫听了怦然动心："我吃了果子如果能成仙，还可以和爱妻见面。"于是摘下果子就吃，可吃了几天，他能没成仙，也没见到贞子，病却慢慢好了。

■ 女贞果实

就这样，冬青树的果子药性被发现，它能补阴益肝肾，人们纷纷拿种子去栽，并取名叫"女贞子"。

女贞，别称冬青、女桢、女贞实、桢木、冬青子、白蜡树子、鼠梓子、蜡树、将军树等。它是木樨科女贞属常绿乔木，树高可达25米。树皮呈灰褐色、平滑。树枝黄褐色、灰色或紫红色，圆柱形、开展、无毛。

女贞的叶片常绿，革质，宽卵形至卵状披针形，长6厘米至17厘米，宽3厘米至8厘米，先端锐尖至渐尖或钝，基部圆形或近圆形，有时宽楔形或渐狭，叶缘平坦，上面光亮，两面无毛，中脉在上面凹入，下面凸起，侧脉4对至9对，两面稍凸起或有时不明显。叶柄长1厘米至3厘米，上面具沟，无毛。

圆锥花序顶生，长8厘米至20厘米，宽8厘米至25厘米。花序梗长不超过3厘米，花序轴及分枝轴无

花序 被子植物的花，有的是单独一朵生在茎枝顶上或叶腋部位，称单顶花或单生花，如玉兰、牡丹、芍药、莲、桃等。但大多数植物的花，密集或稀疏地按一定排列顺序，着生在特殊的总花梗上。花在总花梗上有规律的排列方式称为花序。

女贞花

毛,紫色或黄棕色。

花序基部苞片常与叶同型,小苞片披针形或线形,长0.5厘米至6厘米,宽0.2厘米至1.5厘米,凋落。花无梗或近无梗,长不超过1毫米。花萼无毛,长1.5毫米至2毫米,齿不明显或近截形;花冠长4毫米至5毫米,花冠管长1.5毫米至3毫米,裂片长2毫米至2.5毫米,反折。花丝长1.5毫米至3毫米,花药长圆形,长1毫米至1.5毫米。

花柱长1.5毫米至2毫米,柱头棒状。果肾形或近肾形,长7至10毫米,径4毫米至6毫米,深蓝黑色,成熟时呈红黑色,被白粉;果梗长0毫米至5毫米。花白色,花期5月至7月,果期7月至翌年5月。

女贞的果实表面黑紫色或灰黑色,皱缩不平,基部有果梗痕或具宿萼及短梗,体轻。外果皮薄,中果皮较松软,易剥离,内果皮木质,黄棕色,具纵棱,破开后种子通常为1粒,油性。无臭,味甘、微苦涩。

女贞子主要分布于江浙、江西、安徽、山东、川贵、两湖、两广、福建等地。女贞喜光,也耐阴。较抗寒,深根性树种,根系发达,萌蘖、萌芽力强,耐修剪。适应性强,在湿润、肥沃的微酸性土壤生长快,中性、微碱性土壤亦能适应。

女贞耐寒性好,耐水湿,喜温暖湿润气候,喜光耐阴。为深根性树种,须根发达,生长快,萌芽力强,耐修剪,但不耐瘠薄。

对大气污染的抗性较强,对二氧化硫、氯气、氟化氢及铅蒸气均有较强抗性,也能忍受较高的粉尘、烟尘污染。对土壤要求不严,以沙质壤土或黏质壤土栽培为宜,在红、黄壤土中也能生长。

对气候要求不严,能耐零下12度的低温,但适宜在湿润、背风、向阳的地方栽种,尤以深厚、肥沃、腐殖质含量高的土壤中生长良好。

女贞对剧毒的汞蒸气反应相当敏感,一旦受熏,叶、茎、花冠、花梗和幼蕾便会变成棕色或黑色,严重时会掉叶、掉蕾。女贞还能吸收毒性很大的氟化氢、二氧化硫和氯气等。

女贞树皮灰褐色,光滑不裂。叶长8厘米至12厘米,革质光泽,凌冬青翠,是温带地区不可多得的常绿阔叶树,树干直立或两三干同出,枝斜展,成广卵形圆整的树冠,可栽植为行道树,耐修剪,通常用作绿篱。

木质细密,供细木工用材。果实含淀粉可酿酒,并入药为强壮剂。叶可治疗口腔炎、咽喉炎;树皮研

都司 我国古代官名。隋朝置尚书左、右司郎于尚书都省,辅助尚书左、右丞处理省内各司事务,简称都司。唐宋的尚书省亦称尚书都省,其左右司为尚书省各司的总汇,因称都司。明代都指挥使司为一省掌兵的最高机构,简称都司。主要掌管一方军政,统率其所辖卫所,属五军都督府而听从兵部调令。

■ 女贞树

磨可治疗烫伤等；根茎泡酒，治风湿。成熟果实晒干为中药女贞子，性凉，味甘苦，可明目、乌发、补肝肾。

叶可蒸馏提取冬青油，用于甜食和牙膏等的添加剂。

传说，女贞子是古代鲁国一位女子的名字，因其"负霜葱翠，振柯凌风，而贞女慕其名，或树之于云堂，或植之于阶庭"故名。我国明朝浙江都司徐司马，下令杭州城居民在门前遍植女贞树。

李时珍在《本草纲目》中是这样描述女贞子的：

此木凌冬青翠，有贞守之操，故以女贞状之。

汉司马相如《上林赋》："檗檀木兰，豫章女贞。"《艺文类聚》卷八九引晋苏彦《女贞颂》："女贞之树，一名冬生，负霜葱翠，振柯凌风。"

庐山莲花洞森林公园，地处江西九江庐山西北麓。这里奇峰兀立，风景秀丽。山笼薄雾，水披轻纱，溪流蜿蜒，瀑布潺喧，竹影松

女贞树的枝干

涛，古木参天，绿树掩映，碧草如茵，白云冉冉，翠崖欲滴。

莲花洞国家森林公园地处中亚热带向北亚热带过渡的湿润风气候带，具有气候温和、四季分明、光照充足、雨量充沛、无霜期长等特点。据有关气象资料统计分析，年平均气温在15.5度至17度之间。

公园内资源非常丰富，在那满山遍岭密布的丛林之中，生长着许多诸如七叶一枝花、黄精、玉竹、天南星、党参、白术、苍术、八角莲等野生药材。

百年以上的古树木有：侧柏、樟树、青栲、榆树、大叶石楠、山茶花、紫薇、桂花、女贞、白花泡桐、粗糠树等，其中一棵寿星女贞树龄已有500多年的历史了。

阅读链接

相传在秦汉时期，江浙临安府有一员外，膝下只有一个女儿，年方二八。长得品貌端庄，窈窕动人，工及琴棋书画。员外视若掌上明珠，求婚者络绎不绝，小姐均未应允。

员外因贪图升官发财，将爱女许配给县令为妻，以光宗耀祖。哪知员外之女与府中的教书先生早已私订了终身，又瞧不起那些纨绔子弟，到出嫁之日，便含恨一头撞死在闺房之中，表明自己非教书先生不嫁之志。

教书先生闻听小姐殉情，如晴天霹雳，忧郁成疾，茶饭不思，不过几日便形如枯槁，须发变白。

后来，教书先生到此女坟前凭吊，以寄托哀思。但见坟上长出一棵枝叶繁茂的女贞子，果实乌黑发亮。教书先生遂摘了几颗放入口中，味甘而苦，直沁心脾，顿觉精神倍增。

此后，他每日必到此摘果充饥，病奇迹般地好了，白发也渐渐地变得乌黑了。他大为震惊，深情地吟道："此树即尔兮，求不分离兮。"

从此，女贞子便开始被人们作为药物使用了。

江西名木——三爪仑香樟林

相传，崇义龙沟的合坪村住着一对小夫妻，男的叫谢宪桂，女的叫赖氏，他们住的是茅草房，穿的是破烂衣裳，但却心地善良、相亲相爱，日子也算过得甜美。

秋天的一个傍晚，收工回家的夫妻俩突然发现天上飞落一个白色的东西，落在自家门前。他们走过去一看，发现是一对白仙鹤正在扑闪翅膀，似乎是受了伤的样子，并发出痛苦的叫声。

夫妇俩看了看，动了恻隐之心，把它们抱回了家，紧接着熬药的熬药，喂水的喂水，经过他们的细心照料，不到半

古香樟树

■ 香樟的枝叶

个月，那对仙鹤的伤就痊愈了。

众人见了，都劝他们把仙鹤卖了，这样就可以换回一大笔钱，夫妇俩摇了摇头说："仙鹤是天上的神物，它们只能在空中飞翔，如果卖了仙鹤，会遭天打雷轰的。"

说罢，夫妇俩各捧着一只仙鹤，在门前古樟树下放飞了。没想到的是，仙鹤飞到半空却突然回过头来，向夫妇俩连叫三声，以示道别，然后，如箭一般地向东飞去了。

过了几天，在放飞仙鹤的地方，竟然奇迹般地长出了两棵香樟树。天气虽旱，但香樟树却长得青翠欲滴、生机勃勃。

夫妻俩喜出望外，每天给它浇水、施肥。几十年过去了，昔日的年少夫妻转眼间变成了白发苍苍的老"仙翁"，香樟树此时也长成了郁郁葱葱的参天大树。

仙翁 我国神话中的长寿之神，又称寿星或者老人星。南极仙翁被视为长寿的吉星，经常与福星和禄星并称福、禄、寿三星。南极仙翁的形象一般是额秃顶广、须发尽白、面容红润的老仙人，常乘白鹿或白鹤，持拐杖、仙桃等物，与诸童子戏耍。

香樟树茂密的枝叶

后来，老人的家境不仅变得殷实富足，而且子孙满堂。老人在临终时望着跪在病榻前的子孙，深情地说："我这一生对你们没有什么要求，只希望以后要照看好门前的那两棵香樟树。"

从此，他的子孙一代又一代地护树、爱树，邻里也由此变得团结了，人们也变得勤奋朴实了。这两棵百年香樟树被人们亲切地称为"幸福树""和谐树"。

樟树别名香樟、木樟、乌樟、芳樟、番樟、香蕊、樟木子、小叶樟，属樟科常绿性乔木。树皮幼时绿色，平滑；老时渐变为黄褐色或灰褐色。灰褐色的树皮有细致的深沟纵裂纹。

冬芽卵圆形。叶互生，纸质或薄革质，卵形或椭圆状卵形，长5厘米至10厘米，宽3.5厘米至5.5厘米。顶端短尖或近尾尖，基部圆形，离基三出脉，近叶基的第一对或第二对侧脉长而显著，背面微被白粉，脉腋有腺点。上面光亮，下面稍灰白色，离基三出脉，脉腋有腺体。

樟树的小花非常独特，外围不易分辨出花萼或花瓣的花有6片，中心部位有9枚雄蕊，每3枚排成一轮。初夏开花，花小，黄绿色，圆锥花序腋出，又小又多。核果小球形，成熟后为紫黑色，直径约0.5厘米基部有杯状果托。花期4月至5月，果期8月至11月。

樟树是常绿乔木，它的常绿不是不落叶，而是春天新叶长成后，老叶才开始脱落，所以一年四季都呈现绿意盎然的景象。全棵具有樟脑般的清香,可驱虫,而且永远不会消失。

　　樟树主要生长于亚热带土壤肥沃的向阳山坡、谷地及河岸平地；分布于长江以南及西南,生长区域海拔可达1千米。广布于长江以南各地,以我国的台湾地区最多。

　　樟树喜光,稍耐阴；喜温暖湿润气候,耐寒性不强,对土壤要求不严,较耐水湿,但不耐干旱、瘠薄和盐碱土。樟树的主根发达,深根性,能抗风。萌芽力强,耐修剪。生长速度中等,树形巨大如伞,能遮阴避凉。

　　樟树枝叶浓密,树形美观,存活期长,可以生长为成百上千年的参天古木,有很强的吸烟滞尘、涵养水源、固土防沙和美化环境的能力,可作绿化行道树及防风林。

　　此外还有抗海潮风、耐烟尘和抗有毒气体能力,并能吸收多种有毒气体,较能适应城市环境,为优秀的园林绿化林木,深受园林绿化行业的青睐。

歙县古香樟树

樟树的用途很广泛,为重要的材用和特种经济树种。其木材质优耐腐、防虫、致密、耐水湿,是上等的建筑、造船、家具、雕刻工艺的良材。樟树的根、木材、枝、叶均可提取樟脑、樟脑油。

樟脑供医药、塑料、炸药、防腐、杀虫等用;樟油可作农药、选矿、制肥皂、假漆及香精等原料。

樟脑有强心解热、杀虫之效,在夏天如果到户外活动时,可以摘取樟树的叶片,揉碎后涂抹在皮肤上,有防蚊的功效。

科学研究证明,樟树所散发出的松油二环烃、樟脑烯、柠檬烃、

香樟伞形树冠

丁香油酚等化学物质，有净化有毒空气的能力，过滤出清新干净的空气，沁人心脾，有抗癌功效。人们长期生活在有樟树的环境中对健康是非常有益的。

香樟树很有特色，树皮粗糙，质地却很均匀，从来没有白杨树的斑斑驳驳，没有柳树的树瘤结节；树枝树干一分为二、二分为四一路长去。树冠的形态是球形的，在天空中画出优美的曲线。

香樟树就像是苏东坡的书法，圆润连绵、俊秀飘逸，却又中规中矩。如果是长满香樟树的一面山坡，那简直是苏东坡绝世碑帖了。因此，学美术的人喜欢用香樟树做写生对象。

据说因为樟树木材上有许多纹路，像是大有文章的意思。所以就在"章"字旁加一个木字作为树名。

更为难得的是，樟树全棵散发出特有的清香气息，在民间多称其为香樟。香樟树有一种特殊的香味，可以驱虫，所以几乎不需要园丁喷洒农药。在民间，人们常把香樟树看成是景观树、风水树，寓意避邪、长寿、吉祥如意。

樟树是国家二级保护植物，有关部门已经组织了普查组，对百年以上的樟树，按品种、数量、树龄、树围、树高等逐一普查登记，建立了树木保护档案。

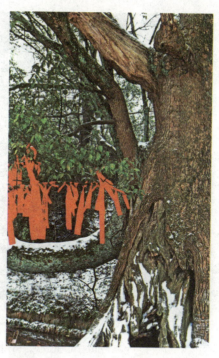

■ 古香樟树干

苏东坡（1037年—1101年），名苏轼，北宋文学家、书画家。字子瞻，号东坡居士。四川人。与欧阳修并称欧苏，为"唐宋八大家"之一，与黄庭坚并称苏黄，与辛弃疾并称苏辛，与黄庭坚、米芾、蔡襄并称宋四家，画学文同，论画主张神似，提倡"士人画"。著有《苏东坡全集》和《东坡乐府》等。

■ 古香樟虬曲的枝干

况钟 字伯律，江西靖安人。起初为尚书吕震属吏，吕震对他的才能感到惊异，推荐授予他仪制司主事之官，又升为郎中，后升任苏州知府。其为政细心而且周密，刚正廉洁，孜孜爱民。况钟死于任上，苏州府吏民相聚哭悼，为他立祠致祭。

随着城市建设对香樟树的应用越来越多，在有关部门的大力倡导下，主要培育繁殖基地在江苏沭阳、浙江、安徽等地逐渐形成，为美化自然环境和增加人民经济收入做出了巨大贡献。

因为樟树用种子繁殖，果实成熟时会自行脱落，被鸟类啄食，所以应随采随播。种子的发芽率为70%至80%，植树造林，也可萌芽更新。

樟树主要依靠人工栽培，要选健壮的苗木，根系发达，木质部发白，根皮略成红色，与木质部紧密相贴。种植选用土层深厚肥沃、有机质含量在1%至3%、透气透水性能好的土壤。栽后5天至7天浇水。成活后，无须经常浇水，一般在土壤化冻后发芽前浇第一遍水即可。

三爪仑国家森林公园地处江西靖安，因其3条支脉呈"爪"字形走向，且地势险要而得名。是江西唯一的国家级示范森林公园,我国唯一的娃娃鱼之乡、柑之乡、中华诗词之乡。

三爪仑国家森林公园总面积193平方千米,包括北河、宝峰寺、盘龙湖、骆家坪、虎啸峡、观音岩、白水洞、金罗湾等八大景区和况钟园林、雷家古村两个独立景点组成。

景区森林覆盖率达95.7%,生态环境一流,有"绿色宝库"之称。其中负氧离子含量高,空气清新,对人体健康大有裨益,又有"天然

香樟树冠

■ 苍翠的香樟林

氧吧"之称。年平均气温在13.7度至17.5度，舒适宜人，更有"休闲胜地"之称。

公园内野生动植物资源丰富，其中国家一级保护动物有云豹、金钱豹、白颈长尾雉3种，二级保护动物28种。有维管束植物206科，809属，1669种。其中珍贵、稀有植物有150余种，国家确定的首批重点保护植物有18种。

这里生长着成片茂密的樟树林，满目苍翠，繁茂葱茏，树冠苍苍如盖，树干嶙峋，形态优美，且枝叶散发出淡淡的香味。

在这片浓绿的空间里，香樟树林撑起一片清凉的世界。每当盛暑时节，不论是老人还是小孩，都喜欢到这里消暑、乘凉。

这儿的樟树林，是一幅永不褪色的风景画。春天，是樟树在装点这百花争艳的季节；盛夏，樟树为

> **曾巩**（1019年—1083年），字子固，世称"南丰先生"。建昌南丰，今属江西人。曾致尧之孙，曾易占之子。1057年进士。北宋政治家、散文家，"唐宋八大家"之一，为"南丰七曾"，曾巩、曾肇、曾布、曾纡、曾纮、曾协、曾敦之一。在学术思想和文学事业上贡献卓越。

人们遮阴驱暑；秋风扫落叶时，樟树傲然挺立，笑迎季节的变换；严冬，樟树仍旧带给人们点点绿意。

境内层峦叠嶂、林海茫茫、古木参天、怪石密布、清潭飞瀑、湖光山色、风光旖旎、气候宜人，珍禽异兽、奇花佳木遍地。唐宋八大家之一的曾巩赞誉为"虽为千家县，正在清华间"。

三爪仑人杰地灵，人文荟萃。这里不仅有千年古刹宝峰寺，还是古代"三大青天"之一况钟的故里。生态与人文交相辉映，奇山共碧水了然生趣，身之所至、兴之所极、情之所至、心之忘俗！

香樟幼树林

阅读链接

我国江南的美女向来是小家碧玉，女孩子在出嫁前基本不大出门。如何让人知道家里有个女儿呢？那就是女儿一出生，家里就会种下一棵香樟树。

等到有一天，香樟树长得伸出院子的围墙，那就是女儿长大了。街坊四邻就知道这家有个待嫁的女儿，媒婆也开始上门提亲。

女儿出嫁的时候，香樟树就会被砍倒，做成3只陪嫁的箱子。第一个箱子装满珍珠，说明女儿是父母的掌上明珠，希望到婆家后也被视若珍宝，受宠爱而不受气。第二个箱子装着蚕丝被。第三个箱子装着绫罗绸缎，希望女儿到婆家一辈子不愁穿。

总之希望女儿一辈子衣食无忧。柜子里的东西放多久都不会被虫蛀，还有淡淡的清香。后来，樟树就被作为女孩出嫁的标志，一直流传了下来。

栋梁之材——梅花山红松林

古时候，小兴安岭没有红松。后来漫山遍野突然出现了红松林，这里还流传着一个故事呢！

很久以前，小兴安岭山脚下，住着一位老妈妈。她年轻时就失去了丈夫，守着一个儿子过日子。儿子20岁没出头，身子骨结实得和大树一般，没有他干不了的活。

小兴安岭红松林

茂盛的红松林

他经常上山打猎、挖药材、砍柴，换钱养活老母，既勇敢又善良，大家都喜欢他，老妈妈更是视他为掌上明珠。

儿子大了，娘该享福了，谁想，老妈妈却病倒了，一病就是几年。瞧着患病的妈妈，小伙子像剜心似的，恨不得自己能替妈妈患病。他每天都到山里挖药材为母亲治病，能用的药都用了，可妈妈的病就是不见好转。

一天傍晚，他正在老桦树下挖药材，突然来了位白发老人，对他念道："天下百药难治病，唯有'棒槌'真正灵。虎守蛇看难寻取，得到之人定长生。"

小伙子回答说："只要能得到它，治好妈妈的病，我就是赔上性命也行啊！老人家，快告诉我，这种药在哪儿？"

老人笑着说："还命草，处处有，处处无，良善

小兴安岭 又称"东兴安岭"，亦名"布伦山"，素有"红松故乡"之美称。西北接伊勒呼里山，东南到松花江畔，长约500千米，是黑龙江与松花江的分水岭。其地理特征是"八山半水半草一分田"。西部有著名的五大连池火山群，被誉为"天然火山博物馆"。

茂密的红松林

之人终有得,卑劣之徒不相逢。"说完,老人就不见了。

小伙子跑回家,把老妈妈托付给邻居,并连夜为她准备好吃的、喝的和汤药。第二天,小伙子顶着满天星就钻进深山里去了。饿了,就吃些野果;渴了,就喝几口山泉水;累了,就倒在草地上歇歇。也不知翻了多少座山,过了多少道林,连"棒槌"的影儿都没见到。

正急得直冒火的当儿,深草丛里钻出一只白尾巴狐狸对他说:"小伙子,难得你尽孝一片心,前面大石头里有箱元宝,你拿去用吧。找'棒槌'太危险了,不要去了。"

小伙子说:"我不图富贵,我要治好妈妈的病,请告诉我'棒槌'在哪儿?"

狐狸听了,禁不住流下了同情的泪水,从嘴里吐出一粒红丸,说道:"你把它吃下去或许能帮你的忙。"

小伙子吃下红丸,顿时神清气爽,力增百倍。狐狸告诉他,再过三座山,就能见到"棒槌"了。

小伙子谢过好心的狐狸,飞跑而去,没多大会儿就到了地方。他钻了那么多年的山,还没见过这样灵秀的山呢!这里凉爽、清幽。树,绿得欲滴;草,肥得流油;花,艳得似霞;鸟,鸣叫如仙乐。他没心情看山景,连气儿也不歇一下,就翻山找起"棒槌"来了。

快到山头时,突然一股药香飘来,仔细一看,不远处,在两块大石头的夹缝里有棵长有一圈红珠子的草,原来那正是他要找的"棒槌"啊!

只是这两块大石头长得奇怪,一块微黄,一块油黑。它们正是传说中的虎、蛇二神,受"棒槌"姑娘之命,长年累月看守着镇山之宝。

小伙子哪里知道这些,就是知道,也不会顾及的。当他正要上去采摘时,只听猛然"轰"的一声巨响,两块怪石同时炸开了,紧接着就是两股大风直朝他扑来。

这时小伙子才想起有猛虎大蛇守护的事来,连忙抖擞精神,拼出浑身力气和虎、蛇二神展开了搏斗。他们厮打得山呼林暗、百鸟惊飞。只见黑、黄、红3个光团,绞在一起,时而卷上山头,时而滚进林中,难解难分,胜负难料。

眼看一个时辰过去了,小伙子已遍体鳞伤,虎、蛇二神也是伤痕累累,小伙子渐渐体力不支,虎、蛇却困兽犹斗。他忽然灵机一动,

■ 山坡上的红松树

心生一计，只见他退到悬崖边，猛然倒地，把虎、蛇晃下了悬崖。

结果，蛇神撞死在大树上，变成了一根又粗又黑的长藤；虎神碰死在山脚下，变成了一块又硬又脏的卧牛石，小伙子累昏过去了。

不知过了多久，他听到有人呼唤他："好勇敢的小伙子，快回家去救治你的老妈妈吧，可要记住，药不能多吃呀！"

小伙子醒了，只见一位姑娘坐在身旁，已经为他治好了伤。姑娘长得明眸皓齿，长发黑亮柔软，肌肤洁净，腰身俊秀，红唇含笑，原来她就是美丽善良的"棒槌"姑娘。见小伙子醒了，姑娘扬起手臂，"棒槌"便飞落到他手里了，姑娘如云似雾地飘进了林海……

小伙子到家后，匆忙间忘记了"棒槌"姑娘的后半句话，老妈妈喝多了"棒槌"汤，很快就变成了杨树。他痛苦至极，痛不欲生，便喝下了剩下的棒槌汤，自己也变成了四季常青的红松树。

后来，说也奇怪，红松树越长越多，漫山遍野，就成了浩瀚的红松林海。

红松笔直的树干

红松是松科松属的常绿针叶乔木。树干圆满通直，十分高大，在天然松林内树高多为25米至40米，胸径为40厘米至80厘米，最粗的达200厘米。红松是老寿星，寿命长达300年至500年。

红松幼树的树皮呈灰红褐色，皮沟不深，近平滑，鳞状开裂，内皮浅驼色，裂缝呈红褐色，大树树干上部常分叉。心边材区分明显，边材浅驼色带黄白，常见青皮；心材黄褐色微带肉红，故有红松之称。

茂密的红松林

红松的枝近平展，树冠圆锥形，冬芽淡红褐色，圆柱状卵形。小枝密被黄褐色的绒毛，针叶5针一束，长6厘米至12厘米，较粗硬，有树脂道3个。

红松的叶鞘早落，球果圆锥状卵形，长9厘米至20厘米，径6厘米至8厘米，种鳞先端反曲，种子大，倒卵状三角形，无翅。花期6月，球果第二年9月至10月成熟。

红松的树皮分为细皮和粗皮类型，细皮类型树皮较薄呈鳞状或长条状开裂，片小而浅，边缘细碎不整齐，树干分叉较少，生长较快，材质较好。粗皮类型树皮较厚呈长方形大块深裂，边缘较整齐，树干分叉较多。

红松是单性花，雌花和雄花都生长在同一棵树上。红松属于孢子植物门，它的花不是真正的完全花，雌花叫大孢子，也叫雌球花，着

■ 苍翠挺拔的红松林

生在树冠顶部,结实枝的新生枝顶芽以下部位;雄花叫小孢子,也叫雄球花,多着生在树冠中下部,侧枝新生枝基部。

红松的雄球花一般在6月初形成,初形成长在包鞘里,长0.2厘米至0.4厘米,如麦粒状,两三天就会冲出包鞘,逐渐发育,颜色由黄绿渐变为杏黄或紫黄色,历经十几天到6月中旬发育成熟;长1.5厘米至2.0厘米,菠萝状或圆柱状,小孢子叶开始松散,用手一捏就有黄色花粉液流出。

雌球花一般在6月10日左右形成,其包鞘长椭圆形,长1.5厘米至2.0厘米,一两天冲出包鞘发育成熟,长2厘米至2.5厘米,菠萝状,紫色或粉红色,成熟时珠鳞微微张开。

红松雄球花成熟后就开始传粉和受粉。雄球花成熟后顶端变干,孢子叶松散,气温、湿度条件适宜即开始散粉,散完粉的雄球花萎缩变干。

雌球花成熟后珠鳞张开,内含半透明的黏液,基部为大孢子囊,受粉完成后珠鳞闭合。一般雌球花受粉期为5天至10天,雄球花传粉期

4天至8天。

红松是当年受粉第二年春天受精，9月中旬种子成熟。从开花到收获大约160天。天然红松大约80年才开花结实，人工红松大约30年开始结实。

红松是典型的温带湿润气候条件下的树种，喜好温和湿润的气候条件，在湿润度50%以上的情况下，对温度的适应幅度较大。

红松的耐寒力极强，在小兴安岭林区冬季零下50度的低温下也无冻害现象。红松喜湿润、土层深厚、肥沃、排水和通气良好的微酸性土壤。

红松对土壤水分要求较严，对土壤的排水和通气状况反应敏感，不耐湿，不耐干旱，不耐盐碱。果松喜光，幼年时期耐阴。

红松是浅根性树种，主根不发达，侧根水平扩展十分发达。果松幼年时期生长缓慢，后期生长速度显著加快，而且在一定时期内能维持较大的生长量。木材蓄积量高，天然红松林200年生每公顷木材蓄积量可

红松幼树林

伊春 位于黑龙江东北部,与俄罗斯隔江相望,以汤旺河支流伊春河得名。因盛产红松,被誉为"红松故乡""祖国林都"。境内的嘉荫曾挖掘出我国第一具恐龙化石,即被称为"神州第一龙"的黑龙江满洲龙,在其附近又新发现了隐藏量巨大的鸭嘴龙、霸王龙、虚骨龙和甲龙的化石群。因而又被称为"恐龙故乡"。

达700立方米,人工红松林29年生可达129立方米。

红松喜光性强,随树龄增长需光量逐渐增大。要求温和凉爽的气候,在酸性土壤、山坡地带生长好。

红松是名贵而又稀有的树种,在地球上只分布在我国东北的长白山至小兴安岭一带。红松是黑龙江伊春境内小兴安岭、长白山林区天然林中主要的森林组成树种,也是东北的主要造林绿化树种之一。全世界一半以上的红松资源分布在这里,因此,伊春被誉为"红松故乡"。

红松的垂直分布地带在长白山林区,一般多在海拔500米至1200米间;在完达山和张广才岭林区,一般分布在500米至900米之间;在小兴安岭,一般分布在300米至600米之间。

红松是像化石一样珍贵而古老的树种,天然红松林是经过几亿年的更替演化形成的,被称为"第三纪森林"。

■ 成片的红松林

红松自然分布区，大致与长白山、小兴安岭山系所蔓延的范围相一致。其北界在小兴安岭的北坡，南界在辽宁宽甸，东界在黑龙江饶河，西界在辽宁本溪。

红松针阔叶混交林是东北湿润地区最有代表性的植被类型，自然保护区不仅完整地保存了珍贵的红松资源，同时也成为一座天然博物馆和物种基因库，为生物工作者研究红松为主的针阔叶混交林的生态、群落的变化、发展和演替规律，提供了良好的条件。红松自然分布区对研究古地理、古气候及植物区系具有一定的科研价值。

■ 红松根部

红松材质较好，能保持山地水土，是比较重要的种质资源。红松是著名的珍贵经济树木，树干粗壮，树高入云，挺拔顺直，是天然的栋梁之材。红松材质轻软，结构细腻，纹理密直通达，形色美观又不容易变形，并且耐腐朽力强，所以是建筑、桥梁、枕木、家具制作的上等木料。

红松的枝丫、树皮、树根也可用来制造纸浆和纤维板。从松根、松叶、松脂中还能提取松节油、松针油、松香等工业原料。

松子是红松树的果实，又称海松子。松子含脂肪、蛋白质、碳水化合物等。松子性平味甘，具有补肾益气、养血润肠、滑肠通便、润肺止咳等作用。常

宽甸 位于辽宁东部，鸭绿江中下游右岸，是我国最大的边境县。宽甸为长白山脉与千山山脉过渡地带，地貌多变，地形复杂，山势险峻，丘陵和谷地相间。境内群山连绵，峰峦奇秀，风光旖旎，民俗风情浓郁，被誉为北方长寿之乡、神仙住过的地方、鸭绿江畔的香格里拉。

山崖上的红松

食可健身心，滋润皮肤，延年益寿。

明朝李时珍对松子的药用曾给予很高的评价，他在《本草纲目》中写道：

海松子，释名新罗松子，气味甘小无毒；主治骨节风、头眩、去死肌、变白、散水气、润五脏、逐风痹寒气，虚羸少气补不足，肥五脏，散诸风、湿肠胃，久服身轻，延年不老。

松子既可食用，又可做糖果、糕点辅料，还可提炼植物油。松子油，除可食用外，还是干漆、皮革工业的重要原料。另外，松子皮可制造染料、活性炭等。

红松树干粗壮，树高入云，伟岸挺拔，是天然的栋梁之材，在古代的楼宇宫殿等著名建筑中都起到了脊梁的作用。

红松生长缓慢，树龄很长，400年的红松正为壮年，一般红松可活六七百年，红松不畏严寒，四季常青，是长寿的象征。

红松原始森林是小兴安岭生态系统的顶级群落，生态价值极其珍贵，它维护着小兴安岭的生态平衡，也维护着以小兴安岭为生态屏障的东北地区的生态安全。

清代《黑龙江志》，曾有对小兴安岭红松原始森林的记载：

参天巨木、郁郁苍苍、枝干相连、遮天蔽日，绵延三百余里不绝。

天然红松林作为欧亚大陆北温带最古老、最丰富、最多样的森林生态系统,是植物界的活化石,是联合国确定的珍稀保护树种,已被我国列为二级重点保护野生植物。

为了保护这一世界濒危珍稀树种,有关部门已经做出了全面停止采伐天然红松林的决定,并对现存的红松逐棵登记,通过认领红松、举办保护红松国际研讨会和东北亚生态论坛等活动,初步形成了由单一树种到多树种、由植物到动物、由点状到全面的保护体系。

梅花山国家森林公园坐落在小兴安岭腹部,伊春东28千米处。公园占地7815公顷,有森林5900多公顷,草地660公顷,河流460公顷。最高峰海拔约1千米。

公园内自然资源丰富,生态环境良好,栖息着许多珍贵野生动植物。这里山形地貌独特,气候四季分明,松涛阵阵,古木参天。可分为红松原始林景区、虎臀山探险观光区、梅花山探险观光区、梅花湖娱乐区4个景区。著名的景点有24处。

森林公园内有著名的原始红松林。红松原始林四季常青,古树参

秋日的红松林

地毯 又称毛席、氍、织皮、地毯、地衣，即铺于地面的编织品，是我国著名的传统手工艺品。以棉、麻、毛、丝、草、椰棕等天然纤维做原料，经手工或机械工艺进行编结、栽绒或纺织而成。包括手工栽绒地毯、机制地毯和手工毡毯。我国新疆和田地区所生产的地毯十分名贵，有"东方地毯"的美誉。

天，苍翠挺拔，空气清新，令人陶醉。这里的红松林仍然保留着原始森林的自然风貌，一棵棵粗大的红松树参天矗立，树冠相簇连络。

红松不愧为天质非凡，它昂首伫立山间的树干浑圆敦实，像北方的汉子一般的刚毅。它是森林里高耸的巨无霸，居高临下，冷傲威严；仔细审视又有通体飘逸，秀美挺拔柔韧的一面。

这里红松的树龄一般都有三五百年，树高至少都三四十米，树径也都有百十厘米，很多粗到无法环抱。一片红松林就是一座天然大氧吧，徜徉在绿色林海里，观赏着绿色美景，呼吸着含有负氧离子的清新空气时，感觉呼吸顺畅、心情怡然。

夏天，林地上铺着厚厚的一层暗红色的松针，松针上面覆盖着一层绿茸茸的牛毛小草，踏上去，软绵绵的，就像踩着一条彩色的大地毯。

■ 坡地红松林

红松开花传粉时节，走进大森林就会被飘香的红松花粉所迷醉。空气中弥漫着红松的香气，耳边的沙沙声是红松的召唤，一阵风吹过，红松在向人们展开温暖的怀抱。

秋日红松林

秋天，树冠上结满像菠萝似的大松塔，厚重油亮，芳香浓郁，这里成了天然的种子园。漫山遍野的红松林，俯视一片绿，横看一片红。

笔直而光滑的树身如红漆涂抹般鲜艳，远远望去好像无垠的海洋，山风吹来，树顶彩冠与树身红衣相映成趣，构成斑斓的自然画卷。

冬天，阔叶的树木早已凋零，只有红松依然保持绿色。红松林中的积雪厚达1米，白雪覆盖着的红松林，像满山美丽的圣诞树一样。澄净的天空、壮观的大冰凌、雾凇、树挂等神奇景色，让人心神俱醉。

此外，森林公园还有白松林苍郁挺拔，直刺云端；白桦林白干、黑节、红枝、绿叶，如同一幅靓丽的画卷；混交林柞树、杨树、曲柳树参差不齐，榆树、椴树、楸子树粗细相间；人工林郁郁葱葱，是巧夺天工的风景线。

公园里春来山花烂漫，鸟语花香，滔滔林海新芽吐绿，萋萋芳草生机无限。浩荡的春风吹过，松涛阵阵，林子里到处是婉转的鸟鸣，参天巨木，郁郁苍苍，枝干相连，遮天蔽日，绵延150多千米不绝。

夏到参天大树遮云蔽日，灌木丛生绿叶成荫，听泉水叮咚不见泉涌，闻溪水淙淙难觅水踪，无论是荡舟漂流，还是森林沐浴，都会带给人沁人心脾的凉爽。

秋至满山红叶，尽染层林，野果香飘四溢，令人心醉神迷、兴趣

■ 红松林远景

盎然。

　　冬时，皑皑雪原与滔滔林海相伴，苍翠的青松同洁白的雪花为伍。

　　总之，森林公园内四时景色迷人，令人流连忘返。身临其境，宛如仙境一般。从喧闹的城市来到梅花山国家森林公园中，定会找到返璞归真、回归自然的感觉！

　　一边欣赏红松原始林的风貌，一边大口大口呼吸原始林中的木香、花香和草香，体会梅花山原始、自然和健康的魅力，顿觉舒畅、轻松和愉快！

阅读链接

　　由于我国北方气候寒冷，树木每年只能在100多天的无霜期里复苏，扩张一次生命的年轮缓慢得几乎让人感觉不到它在变粗。像红松这样优等的树木每年增加一道年轮，而树干的直径只不过增加了一两毫米。

　　如此推算，一棵双臂能够合拢过来的松树，至少也要经过300多年的漫长历程。难怪古往今来许多文人骚客都不惜笔墨赞美松树的风格，松树的确是大森林里的佼佼者，特别是小兴安岭的红松，它虽然没有黄山松那么俊秀，却是出奇的高大挺拔。

　　从使用价值来看，名山上的奇松只能算是放大了的盆景，而小兴安岭上的红松才是真正的栋梁之材。

中华精神家园书系

建筑古蕴
壮丽皇宫	三大故宫的建筑壮景
宫殿怀古	古风犹存的历代华宫
古都遗韵	古都的厚重历史遗韵
千古都城	三大古都的千古传奇
王府胜景	北京著名王府的景致
府衙古影	古代府衙的历史遗风
古城底蕴	十大古城的历史风貌
古镇奇葩	物宝天华的古镇奇观
古村佳境	人杰地灵的千年古村
经典民居	精华浓缩的最美民居

古建之魂
千年名刹	享誉中外的佛教寺观
天下四绝	佛教的海内四大名刹
皇家寺院	御赐美名的著名古刹
寺院奇观	独特文化底蕴的名刹
京城宝刹	北京内外八刹与三山
道观杰作	道教的十大著名宫观
古塔瑰宝	无上玄机的魅力古塔
宝塔珍品	巧夺天工的非常古塔
千古祭庙	历代帝王庙与名臣庙

古建涵蕴
天下祭坛	北京祭坛的绝妙密码
祭祀庙宇	香火旺盛的各地神庙
绵延祠庙	传奇神人的祭祀圣殿
至圣尊崇	文化浓厚的孔孟祭地
人间天宫	非凡造诣的妈祖庙宇
祠庙典范	最具人文特色的祭祠
绝代王陵	气势恢宏的帝王陵园
王陵雄风	空前绝后的地下城堡
大宅揽胜	宏大气派的大户宅第
古街韵味	古色古香的千年古街

古建风雅
皇家御苑	非凡胜景的皇家园林
非凡胜景	北京著名的皇家园林
园林精粹	苏州园林特色与名园
秀美园林	江南园林特色与名园
园林千姿	岭南园林特色与名园
雄丽之园	北方园林特色与名园
亭台情趣	迷人的典型精品古建
楼阁雅韵	神圣典雅的古建象征
三大名楼	文人雅士的汇聚之所
古建古风	中国古典建筑与标志

文化遗迹
远古人类	中国最早猿人及遗址
原始文化	新石器时代文化遗址
王朝遗韵	历代都城与王城遗址
考古遗珍	中国的十大考古发现
陵墓遗存	古代陵墓与出土文物
石窟奇观	著名石窟与不朽艺术
石刻神工	古代石刻与文化艺术
岩画古韵	古代岩画与艺术特色
家居古风	古代建材与家居艺术
古道依稀	古代商贸通道与交通

物宝天华
青铜时代	青铜文化与艺术特色
玉石之国	玉器文化与艺术特色
陶器寻古	陶器文化与艺术特色
瓷器故乡	瓷器文化与艺术特色
金银生辉	金银文化与艺术特色
珐琅精工	珐琅器与文化之特色
琉璃古风	琉璃器与文化之特色
天然大漆	漆器文化与艺术特色
天然珍宝	珍珠宝石与艺术特色
天下奇石	赏石文化与艺术特色

中华精神家园书系

古迹奇观
玉宇琼楼：	分布全国的古建筑群
城楼古景：	雄伟壮丽的古代城楼
历史开关：	千年古城墙与古城门
长城纵览：	古代浩大的防御工程
长城关隘：	万里长城的著名关卡
雄关漫道：	北方的著名古代关隘
千古要塞：	南方的著名古代关隘
桥的国度：	穿越古今的著名桥梁
古桥天姿：	千姿百态的古桥艺术
水利古貌：	古代水利工程与遗迹

山水灵性
母亲之河：	黄河文明与历史渊源
中华巨龙：	长江文明与历史渊源
江河之美：	著名江河的文化源流
水韵雅趣：	湖泊泉瀑与历史文化
东岳西岳：	泰山华山与历史文化
五岳名山：	恒山衡山嵩山的文化
三山美名：	三山美景与历史文化
佛教名山：	佛教名山的文化流芳
道教名山：	道教名山的文化流芳
天下奇山：	名山奇迹与文化内涵

自然遗产
天地厚礼：	中国的世界自然遗产
地理恩赐：	地质蕴含之美与价值
绝美景色：	国家综合自然风景区
地质奇观：	国家自然地质风景区
无限美景：	国家自然山水风景区
自然名胜：	国家自然名胜风景区
天然生态：	国家综合自然保护区
动物乐园：	国家动物自然保护区
植物王国：	国家保护的野生植物
森林景观：	国家森林公园大博览

西部沃土
古朴秦川：	三秦文化特色与形态
龙兴之地：	汉水文化特色与形态
塞外江南：	陇右文化特色与形态
人类敦煌：	敦煌文化特色与形态
巴山风情：	巴渝文化特色与形态
天府之国：	蜀文化的特色与形态
黔风贵韵：	黔贵文化特色与形态
七彩云南：	滇云文化特色与形态
八桂山水：	八桂文化特色与形态
草原牧歌：	草原文化特色与形态

东部风情
燕赵悲歌：	燕赵文化特色与形态
齐鲁儒风：	齐鲁文化特色与形态
吴越人家：	吴越文化特色与形态
两淮之风：	两淮文化特色与形态
八闽魅力：	福建文化特色与形态
客家风采：	客家文化特色与形态
岭南灵秀：	岭南文化特色与形态
潮汕之根：	潮州文化特色与形态
滨海风光：	琼州文化特色与形态
宝岛台湾：	台湾文化特色与形态

中部之魂
三晋大地：	三晋文化特色与形态
华夏之中：	中原文化特色与形态
陈楚风韵：	陈楚文化特色与形态
地方显学：	徽州文化特色与形态
形胜之区：	江西文化特色与形态
淳朴湖湘：	湘湖文化特色与形态
神秘湘西：	湘西文化特色与形态
瑰丽楚地：	荆楚文化特色与形态
秦淮画卷：	秦淮文化特色与形态
冰雪关东：	关东文化特色与形态

节庆习俗
普天同庆：	春节习俗与文化内涵
张灯结彩：	元宵习俗与彩灯文化
寄托哀思：	清明祭祀与寒食习俗
粽情端午：	端午节与赛龙舟习俗
浪漫佳期：	七夕习俗与妇女乞巧
花好月圆：	中秋节俗与赏月之风
九九踏秋：	重阳节俗与登高赏菊
千秋佳节：	传统节日与文化内涵
民族盛典：	少数民族节日与内涵
百姓聚欢：	庙会活动与赶集习俗

民风根源
血缘脉系：	家族家谱与家庭文化
万姓之根：	姓氏与名字号及称谓
生之由来：	生庚生肖与寿诞礼俗
婚事礼俗：	嫁娶礼俗与结婚喜庆
人生遵俗：	人生处世与礼俗文化
幸福美满：	福禄寿喜与五福临门
礼仪之邦：	古代礼制与礼仪文化
祭祀庆典：	传统祭典与祭祀礼俗
山水相依：	依山傍水的居住文化

衣食天下
衣冠楚楚：	服装艺术与文化内涵
凤冠霞帔：	佩饰艺术与文化内涵
丝绸锦缎：	古代纺织精品与布艺
绣美中华：	刺绣文化与四大名绣
以食为天：	饮食历史与筷子文化
美食中国：	八大菜系与文化内涵
中国酒道：	酒历史酒文化的特色
酒香千年：	酿酒遗址与传统名酒
茶道风雅：	茶历史茶文化的特色

国风美术
丹青史话：	绘画历史演变与内涵
国画风采：	绘画方法体系与类别
独特画派：	著名绘画流派与特色
国画瑰宝：	传世名画的绝色魅力
国风长卷：	传世名画的大美风采
艺术之根：	民间剪纸与民间年画
影视鼻祖：	民间皮影戏与木偶戏
国粹书法：	书法历史与艺术内涵
翰墨飘香：	著名书法名作与艺术
行书天下：	著名行书精品与艺术

汉语之魂
汉语源流：	汉字汉语与文章体类
文学经典：	文学评论与作品选集
古老哲学：	哲学流派与经典著作
史册汗青：	历史典籍与文化内涵
统御之道：	政论专著与文化内涵
兵家韬略：	兵法谋略与文化内涵
文苑集成：	古代文献与经典专著
经传宝典：	古代经传与文化内涵
曲苑音坛：	曲艺说唱项目与艺术
曲艺奇葩：	曲艺伴奏项目与艺术

博大文学
神话魅力：	神话传说与文化内涵
民间相传：	民间传说与文化内涵
英雄赞歌：	四大英雄史诗与内涵
灿烂散文：	散文历史与艺术特色
诗的国度：	诗的历史与艺术特色
词苑漫步：	词的历史与艺术特色
散曲奇葩：	散曲历史与艺术特色
小说源流：	小说历史与艺术特色
小说经典：	著名古典小说的魅力

中华精神家园书系

歌舞共娱
- 古乐流芳：古代音乐历史与文化
- 钧天广乐：古代十大名曲与内涵
- 八音乐乐：古代乐器与演奏艺术
- 莺歌凤舞：古代大曲历史与艺术
- 妙舞长空：舞蹈历史与文化内涵
- 体育古风：体育运动与古老项目
- 民俗娱乐：民俗运动与古老项目
- 刀光剑影：器械武术种类与文化
- 快乐游艺：古老游艺与文化内涵
- 开心棋牌：棋牌文化与古老项目

戏苑杂谈
- 梨园春秋：中国戏曲历史与文化
- 古戏经典：四大古典悲剧与喜剧
- 关东曲苑：东北戏曲种类与艺术
- 京津大戏：北京与天津戏曲艺术
- 燕赵戏苑：河北戏曲种类与艺术
- 三秦戏苑：陕西戏曲种类与艺术
- 齐鲁戏台：山东戏曲种类与艺术
- 中原曲苑：河南戏曲种类与艺术
- 江淮戏话：安徽戏曲种类与艺术

梨园谱系
- 苏沪大戏：江苏上海戏曲与艺术
- 钱塘戏话：浙江戏曲种类与艺术
- 荆楚戏台：湖北戏曲种类与艺术
- 潇湘梨园：湖南戏曲种类与艺术
- 滇黔好戏：云南贵州戏曲与艺术
- 八桂梨园：广西戏曲种类与艺术
- 闽台戏苑：福建戏曲种类与艺术
- 粤琼戏话：广东戏曲种类与艺术
- 赣江好戏：江西戏曲种类与艺术

科技回眸
- 创始发明：四大发明与历史价值
- 科技首创：万物探索与发明发现
- 天文回望：天文历史与天文科技
- 万年历法：古代历法与岁时文化
- 地理探究：地学历史与地理科技
- 数学史鉴：数学历史与数学成就
- 物理源流：物理历史与物理科技
- 化学历程：化学历史与化学科技
- 农学春秋：农学历史与农业科技
- 生物寻古：生物历史与生物科技

千秋教化
- 教育之本：历代官学与民风教化
- 文武科举：科举历史与选拔制度
- 教化于民：太学文化与私塾文化
- 官学盛况：国子监与学宫的教育
- 朗朗书院：书院文化与教育特色
- 君子之学：琴棋书画与六艺课目
- 启蒙经典：家教蒙学与文化内涵
- 文房四宝：纸笔墨砚及文化内涵
- 刻印时代：古籍历史与文化内涵
- 金石之光：篆刻艺术与印章碑石

传统美德
- 君子之为：修身齐家治国平天下
- 刚健有为：自强不息与勇毅力行
- 仁爱孝悌：传统美德的集中体现
- 谦和好礼：为人处世的美好情操
- 诚信知报：质朴道德的重要表现
- 精忠报国：民族精神的巨大力量
- 克己奉公：强烈使命感和责任感
- 见利思义：崇高人格的光辉写照
- 勤俭廉政：民族的共同价值取向
- 笃实宽厚：宽厚品德的生活体现

文化标记
- 龙凤图腾：龙凤崇拜与舞龙舞狮
- 吉祥如意：吉祥物品与文化内涵
- 花中四君：梅兰竹菊与文化内涵
- 草木有情：草木美誉与文化象征
- 雕塑之韵：雕塑历史与艺术文化
- 壁画遗韵：古代壁画与古墓丹青
- 雕刻精工：竹木骨牙角雕与工艺
- 百年老号：百年企业与文化传统
- 特色之乡：文化之乡与文化内涵

悠久历史
- 古往今来：历代更替与王朝千秋
- 天下一统：历代统一与行动韬略
- 太平盛世：历代盛世与开明之治
- 变法图强：历代变法与图强革新
- 古代外交：历代外交与文化交流
- 选贤任能：历代官制与选拔制度
- 法治天下：历代法制与公正严明
- 古代税赋：历代赋税与劳役制度
- 三农史志：历代农业与土地制度
- 古代户籍：历代区划与户籍制度

历史长河
- 兵器阵法：历代军事与兵器阵法
- 战事演义：历代战争与著名战役
- 货币历程：历代货币与钱币形式
- 金融形态：历代金融与货币流通
- 交通巡礼：历代交通与水陆运输
- 商贸纵观：历代商业与市场经济
- 印纺工业：历代纺织与印染工艺
- 古老行业：三百六十行由来发展
- 养殖史话：古代畜牧与古代渔业
- 种植细说：古代栽培与古代园艺

杰出人物
- 文韬武略：杰出帝王与励精图治
- 千古忠良：千古贤臣与爱国爱民
- 将帅传奇：将帅风云与文韬武略
- 思想宗师：先贤思想与智慧精华
- 科学鼻祖：科学精英与求索发现
- 发明巨匠：发明天工与创造英才
- 文坛泰斗：文学大家与传世经典
- 诗神巨星：天才诗人与妙笔华篇
- 画界巨擘：绘画名家与绝代精品
- 艺术大家：艺术大师与杰出之作

信仰之光
- 儒学根源：儒学历史与文化内涵
- 文化主体：天人合一的思想内涵
- 处世之道：传统儒家的修行法宝
- 上善若水：道教历史与道教文化

强健之源
- 中国功夫：中华武术历史与文化
- 南拳北腿：武术种类与文化内涵
- 少林传奇：少林功夫历史与文化